純天然精油保養品DIY全圖鑑

專業芳療師
陳美菁

推·薦·序

輕鬆享受天然，找尋專屬氣息與美好時光！

在美菁老師的芳療課堂上，總是能在有趣、輕鬆的談話中，不知不覺學習到非常全面的芳療知識與應用。和老師一起著手調配精油保養品的過程，也讓我瞭解到各種精油、添加物的成分，會影響肌膚並能帶給皮膚不同的改變。

短短接觸芳療的12堂課程中，我不但培養出嗅覺的品味，也在其中發現，原來只要熟悉天然植物萃取而成的精油香味後，對於香氣「是否是天然」這件事會更加敏感，而各種植物香氣帶給身體的不同感受，在日常生活中也是受用無窮。

我要恭喜美菁老師的書出了暢銷增訂版！如果你尚未體驗過芳療的魔力，這本書可以讓你認識精油、學習最基礎的各式應用。如果你是對芳療有所涉獵的人，這本書更可以帶你活用精油，發現更多精油的妙用與保養效果！現在就一起享受DIY的樂趣，並讓香氣療癒生活吧！

凱渥名模 林又立 

推·薦·序

動手活用芳療，用精油香氣訴說日常每一天！

認識精油應該是從喜歡按摩開始（笑）。一開始，我只知道自己很喜歡那些能讓我放鬆、感到紓壓的氣息，卻不懂得味道的來源，也不知道該如何運用。

上過美菁老師的芳療課之後，透過老師像說故事般的授課方式，讓我不知不覺中，就把每種精油的功效與特性，牢記在腦海裡。每次在課堂上製作的精油小物，也讓我的日常生活真正地與精油結合，不論是洗髮、洗顏、沐浴、護唇、護手……，加入精油調合而成的保養品，都讓我更了解精油，也非常享受被香氣豐富生活的感覺！

現在的你，也許未曾接觸過芳療，但只要透過這本書的清楚解說，你就能猶如在和美菁老師面對面聊芳療一般，對於認識精油、如何安全、正確地使用精油充分瞭解，更可以體會精油在日常中的美好與實用。希望你也能和我一樣，讓精油加入你的生活，一起享受用香氛氣息訴說心情的每一天！

名模作家 林可彤 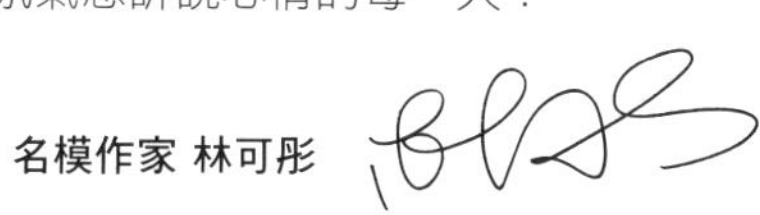

推・薦・序

精油知識導航，享受自然滋養的芳療奧祕！

和美菁老師有著奇妙、特殊而珍貴的緣分。她有著頑強的生命力、在逆境中永遠充滿正能量，給予現今社會十分需要的，溫柔、堅毅又熱情的典範。能為這本書寫序，是我最大的榮幸。

皮膚對我來説，是一個很美的器官。她是我們面對世界的第一道工具，也能保護著我們的身體，並具有細膩的觸覺，讓我們能夠真實地與外界互動、感受生活中的點滴，包括溫暖的擁抱、雨滴滴在臉上的感覺……。

健康的皮膚讓我們有滿滿的自信，然而，壓力大的時候，皮膚往往是第一個變差，告訴我們需要留心自己健康的信差。善加照顧自己的皮膚，其實是件不太容易的事，因為皮膚每天會面對許多物質、環境上的變化，而且總是太快太複雜，市面上也很難找到一個萬用的保養品，讓肌膚完全免於內外的傷害。

面對琳瑯滿目的保養品，我們時常不知該如何挑選。除了藥物治療外，保養品的選擇，對於皮膚能否快速復原、平衡，有著關鍵性的決定因素，所以找到適合自己的保養品，是很重要的。

在眾多保養品中，我對精油類保養品可説是情有獨鍾。我喜歡每天使用的保養品是來自於大自然，被天然的陽光、空氣和水孕育並淨化著，也讓我的肌膚能持續地被自然滋養。肌膚也在和環境一起生生不息互動、和諧生活中，找到平衡點。精油的特殊香味，也使每天的壓力、負面情緒有了釋放的出口，睡前使用，更為忙碌的一天畫下美好句點，也為新的一天做足準備。

美菁的這本書，是精油保養品知識的最佳導航，我覺得它值得一再深入閱讀，每看一次，都會有不一樣的體悟，而且淺顯易懂，我真的很喜歡！精油的世界豐富而實用，也充滿樂趣。希望大家都能帶著小孩子般的好奇心，回歸自己的嗅覺，用香氛照顧肌膚，活用精油的知識，讓自己由裡到外變得更美麗！

新光醫院醫美中心主任 唐豪悅 唐豪悅

推・薦・序

與香氛共振，精油為我的工作和家庭增添色彩！

當生活的環境改變，走出戶外，時常會直接面對到紫外線輻射及空氣汙染的問題，不到一天的時間，往往覺得自己的皮膚已慘不忍睹。坊間的保養商品琳瑯滿目，這時該如何尋找適合自己肌膚的保養品呢？

《純天然精油保養品DIY全圖鑑【暢銷增訂版】》這本書，從臉部清潔、臉部保養用品、身體保養到紓壓療癒用品都可以自己做，跟著淺顯易懂的文字動手進行，DIY保養品絕非難事！

美菁老師是我的芳療啟蒙老師，認識老師也已邁入第15年，從她眼裡認識的芳香療法是如此地不受限。這本書的初版已是我的必備參考書籍，在安寧病房工作的我，也將芳香療法運用在臨床工作上，在家庭生活中，亦輕鬆幫助舒緩孩子們的大小皮膚狀況。

舒適照護末期的病人，是我們的護理特色，曾經有一位有著將軍風範的伯伯，因為疾病關係，全身皮膚乾燥，我跟他解釋肌膚乾燥可以選擇植物油來當基質，會比乳液更容易達到保濕效果，同時推薦幾款精油給伯伯使用，伯伯選擇甜橙、檀香精油，並沒有選擇皮膚平衡性高的玫瑰天竺葵精油，他說那味道太女性化。而我則依照書中的調配方式，將配好的精油送給將軍伯伯，並告訴他這是為您量身訂做的！伯伯聽聞非常開心，接下來的幾天，病室裡也滿室馨香。

我家有個正值青春期的女孩，從小就接觸芳香療法，現在不管是身體沐浴或皮膚保養產品，她都已經能分辨出是天然產品或是加工品，並且選擇自己想要的，也常常會跟我討論現在的心情和皮膚狀況該如何調配適合的精油使用。

這本書的暢銷版中增加討論「內在自我」及「香氛氣息」的共振，讓我們自己做精油保養品的同時，更能透過植物精油香氛來了解自己！

美國NAHA高階芳療師・資深安寧照護護理師 陳慧芳

推・薦・序

貼近真實自我，從香氣中找回純真與愛！

在安寧的領域中，有許多種自然療法都是可以被接受的，而使用芳香療法，是讓安寧工作更加放鬆和有生命力的一部份。近年來在許多文獻中，也有芳香治療的研究實證，由此可見氣味足以改變人的情緒，並改善人的生活品質。

在與美菁老師學習的日子裡，我感受到氣味所帶來的力量。從靜心去聞出薰衣草裡的自然廣闊，到藉由植物生長的特性去了解植物與人的關係，從中奇妙地看見許多未被呈現或了解的真實自我。例如熱愛橘子熱情氣味的我，其實有著自我要求高、無法放鬆的個性。隨著學習認識更多的精油，也學習與自己平和地相處。

現在很高興老師的書要上市增訂版，其中新加入內在心靈與氣味的關係。我期待大家都能從芳香氣味中找回純真及被愛的自己，也希望這本書可以帶來更多能量，並不斷被分享與傳遞。

美國NAHA高階芳療師・資深安寧照護護理師 鍾俐貞

推・薦・序

精油融入生活，回歸芳香療法的基本精神！

看到「芳香療法」四個字，您的腦海裡會浮現什麼畫面？——也許是在峇里島的頂級SPA、趴在按摩床上，一邊感受清風徐來的舒暢，一邊享受輕柔空靈的按摩……。但其實，除了由專業的芳療師進行精油調配、按摩，您也可以藉由自行吸收知識、購買並調配精油，然後依據每個人不同需求，施用在自己與家人身上。

原本「Aroma Therapy」這兩個字的定義，就是「利用精油來增進我們的心理、生理健康」；也因此，唯有理解芳療、活用芳療，並且把精油融入日常生活當中，才真正是回歸到芳療的基本精神。

當初，我個人是由研究角度開始接觸到芳療。我研究飄散濃濃中藥香氣的中草藥精油、研究大家熟悉喜愛的西洋精油，也研究台灣的香草植物、開發台灣特有的香氣；不但探討它們的萃取、分析化學成分、比較基原差異，更由細胞、動物、臨床等各種面向，來探求它們的生理功效。

我最大的夢想，就是將中藥精油與台灣香氣推廣到國際並分享給世人。我對我的研究，有著很深的期許，也始終樂在其中。而這本《純天然精油保養品DIY全圖鑑【暢銷增訂版】》恰恰補足了我對芳療最弱的「生活應用」部分，讓我得以脱出知識，進入實際，學習由操作面來看待精油、體會芳療。

這本書深得我心，因為它確實教導讀者將芳療帶進實際的應用中。全書由淺入深，先從基礎知識開始，建構大家對於芳療應用的基本了解；然後再根據用於身體清潔、保養、療癒等各個面向，一步步教您自己動手DIY、做出多達188款的精油保養用品；並進而教您學會享用精油帶來的療效與魅力。不但應用涵蓋面廣，説明又清楚，的確是一本既靈活又實用的生活好書。

在此，除了要將本書推薦給各界讀者，也要特別恭喜作者陳美菁小姐，她踏踏實實推廣芳療與精油在生活層面的應用，真的值得敬佩！

陽明大學生化暨分子生物所教授 蔡英傑

推·薦·序

實用美體寶典，教你輕鬆自製精油保養品！

隨著生活水準的日漸提高、國人對「養生保健」愈來愈重視，各種能讓身心靈健康的需求也愈來愈大。也因此，這幾年「芳香療法」在國內益發受到社會大眾的正視與推廣，也不再只侷限於「芳療＝SPA」或「芳療是貴婦們才享受得起的玩意兒」之類的錯誤觀念。究其原因無它，只因置身於步調快速的現代化工商社會，有太多太多的人都處於壓力過大的環境，極需藉由芳香療法來舒緩緊張的身心。

我與作者陳美菁老師已經認識十多年，印象中，她是一位對芳香療法推廣相當熱心積極的年輕學者。陳老師透過出書方式、將芳香療法在日常保養品上的應用介紹給社會大眾，以便幫助大家對於「自己動手用天然精油來做保養品」有更進一步的了解，對於這樣的用心，個人深感欣慰。

目前台灣保養品市場百家爭鳴，各大廠商推出的產品可說琳瑯滿目。但是，如果自己可以學會運用「正確而簡單」的方法就做出保養品，不僅省錢、天然，更能針對個人肌膚狀況對症下藥，配合精油的功效，達到療癒、改善的目的，真是事半功倍。

在這本《純天然精油保養品DIY全圖鑑【暢銷增訂版】》書裡，作者陳美菁老師將多達218種日常保養用品的材料與作法，毫不藏私地一一介紹給讀者，讓大家只要輕輕鬆鬆照著做，就能好好照顧身體、美化肌膚，著實是讀者莫大的福音！相信本書不但足資做為學校與業界傳授專業的教材，更是一本適合社會大眾閱讀、加以應用的美體生活寶典！

華夏科技大學校長 陳錫圭 陳錫圭

Contents

Part 5 自己做！超經典的【紓壓療癒用品】28款 P132

——鬆筋・排毒・鎮痛・止癢，讓通體都舒暢！

Part 6 自己做！從內而外改善肌膚的【情緒排毒調香法】 P150

——青春痘、粉刺、掉髮，其實都是「心太累」的症狀！

如果有一種方法，
它更懂得你的身心靈需要，
那就一起來試看看吧！
而且它很輕鬆，效果又好！

PART 1

走進「精油保養品」的世界，讓「芳療」開啟你美麗的第一步！

——動手之前，你不能不知道的6件事

Issue

用精油來保養身體，效果真的看得到

5大功效，讓「芳療」成為流傳千百年的美容之道

精油，萃取自植物，而且許多植物本身就具有治病、調理的功效，所以，大多數的精油也都有抗菌、安撫情緒、緩和緊張的作用。

什麼是「精油」？簡單來說，就是從植物的根、莖、葉、種子或花朵中所萃取出來的高濃度油性液體，多半呈透明至淡黃色、氣味濃郁、具揮發性。也因為萃取自植物、而且許多植物本身就具有治病、調理的功效，所以，大多數的精油也都有抗菌、安撫情緒、緩和緊張的作用；同時，精油所散發出來的天然香氣，還能提振精神、消除焦慮，並可舒緩病症、放鬆心情。

2500年前，人類已經開始使用植物精油泡澡按摩

回溯人們使用香草藥油的歷史，早在西元前五世紀的古希臘，有「醫學之父」之稱的希波克拉底(Hippocrates)就提出**「每日進行芳香藥油浴及按摩，可以找回健康」**的看法，並將傳承自古埃及的植物知識，以科學方式解析出三百多種藥草的功效、整理記載成《藥草集》一書。西元一世紀左右，根據《聖經》上的記載，在耶穌基督的年代，人們也已將乳香拿來奉獻神廟、製造化粧品，以及做為治療痛風、頭痛之用。到了西元十世紀，由於十字軍東征，有關芳香植物香油及香水的知識也隨之傳到遠東及阿拉伯地區。

11世紀，第一滴以「蒸餾法」取得的精油誕生

西元11世紀，阿拉伯醫生阿維森納(Avicenne)研發出以「蒸餾法」來擷取玫瑰精油的技術，不但讓植物精華更容易為人所取得，也讓精油脫離傳統藥草醫學，廣泛應用於日常生活之中，包括嗅吸、按摩及沐浴等，在當時都蔚為風潮，尤其是以高純度酒精來溶解香油的香水生產方式，也一路發展，在17世紀大行其道。而二十世紀初，約莫1920年代，法國香水專家雷內．蓋特佛塞(Rene Gattfosse)則是將「採取『植物精油』來美化身體、改善疾病、安撫心靈的療癒應用」定名為「芳香療法」(Aromatherapy)的第一人，從字面上的意義即可得知，**「Aroma」係指具有香氣的植物精油，而「Therapy」則是對於疾病改善的療癒方法。**自此之後，芳療更被大量應用在現代美容、水療(SPA)，以及臨床輔助治療等用途。

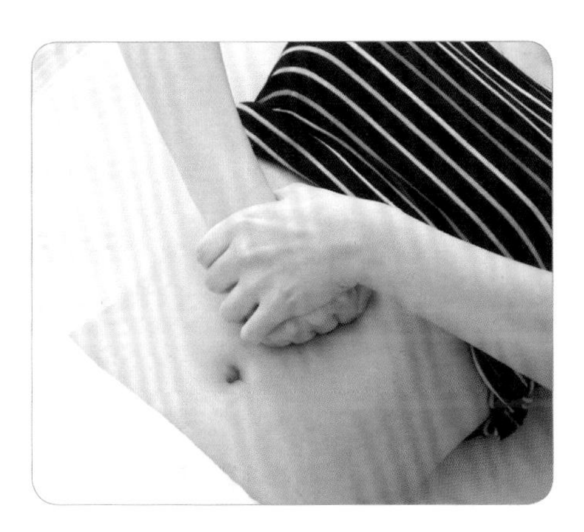

效用驚人，所以精油芳療始終風行、備受肯定

為什麼精油的療癒應用能夠流傳如此久遠？究其原因，不難發現無非是因為它的「效用」受到肯定。**經過萃取的植物精油，富含多種有機化合物，包括酯、酮、醛類、松烯……等，使得它能對人體產生各種有益的功效，特別是保養皮膚、促進美肌**；而且，不管是以按摩、泡澡、塗抹還是嗅聞的方式，它都能被充分吸收，所以，幾千年來，它才能源源不絕的被發展運用，成為不退流行的「經典顯學」，無論是過去的王公貴族、名媛貴婦，還是現代的時尚名流、醫界人士，無不成為芳香療法的愛用者，無怪乎它成為全球愛美人士共同追求的「美容之道」！

5大效能，從科學觀點印證精油芳療的神奇

也正由於自己深受其益，所以，我認為精油應該可以更貼近每個人的日常生活，而且，並不需要「外求」，只要簡單掌握一些方法，就能非常容易的直接親近、自我應用。也因此，在帶領大家進入「自己做精油保養品」的步驟之前，我把「用精油保養身體」的原理與功效歸納說明如後，希望能讓更多人了解天然植物精油的美好，並且破除「芳療就是去護膚中心做SPA」的刻板觀念，進而可以促進大家願意動手做出適合自己的保養品，並且天天都享受芳療帶來的美妙生活！

精油效能 1

成分天然無害，確實達到護膚目的

「保養皮膚」是芳香療法極為重要的功能之一，可以說，大部分人之所以進行芳療，就是為了要「護膚」。但要注意的是，在進行保養時，「唯有採用愈接近天然的物質，才能對我們的皮膚愈有幫助」，因為**在芳療護膚的過程中，最重要的步驟就是「按摩」──亦即藉由接觸肌膚的按壓動作，達到「幫助保養品穿過肌膚外層表皮層、並對表皮層及真皮層細胞進行作用」的目的。**但市售保養品往往為了賣相佳、讓保存期限延長，或基於成本考量，因而經常會在當中添加防腐劑或其他物質；而自製精油保養品不必加入非必要的化學成分，不致造成肌膚負擔，甚或肝、腎的負擔，也因此，萃取自植物的精油可說是最天然無害、可確實達到護膚功效的美肌聖品。

精油效能 2

活化皮膚細胞，減緩膠原蛋白流失

真皮層中的膠原蛋白是維持皮膚與肌肉彈性的主要成分，人體可以自行製造，但隨著年齡或環境的不同，製造的速度也不一樣，尤其在25歲後，肌膚中的膠原蛋白會慢慢流失，皺紋、班點等老化現象也會隨之出現。而**天然精油成分中具有許多有機物質，可刺激細胞活化、修護被破壞的膠原蛋白**，並有助於表皮與真皮支柱的連結，因而能減緩膠原蛋白的流失，進而達到緊實肌膚的功能，讓使皮膚看起來水嫩、有彈性。

精油效能 3

加強滲透作用，促進保養用品功效

為了讓高效物質能迅速滲入肌膚內，美容用品當中必須使用不同的傳輸媒介和滲透劑，而**精油就是一種良好的滲透劑。**因為比起化學合成的滲透劑，它不但不具毒性，而且還有易揮發、具親脂性、不易溶於水、具備特殊香氣等優點，加上**它的化學分子很小，可深入皮膚進行調理，可說是最佳天然幫手。**也因為它能有效增進保養品被肌膚吸收的速度與份量，所以，等於間接增強保養功效。

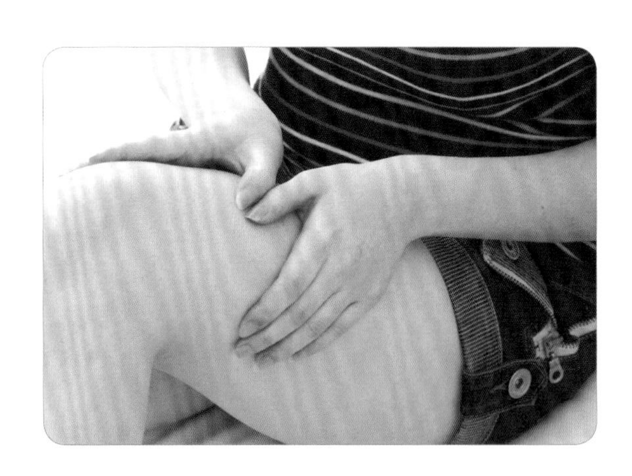

精油效能 4

特性療效各異，適用不同膚質保養

植物精油的種類多達數百種，每一種的特性不盡相同，**一般來說，可依照「功能」、「氣味」、「植物種類」等類項來做區分。**若依「功能」分，可分為舒緩型與振奮型兩大類；依「氣味」分，則有柑橘系、香草系、花香系、東方香料系、樹脂系、辛香系、樹木系等七種；若以「植物種類」分，又可分為柑橘類、草本類、花香類、樟腦類、樹脂類、辛香類、木質類及土質類等八種。而採用不同植物做出來的精油，功效也不一樣，因此，在製作保養品時，可根據個人膚質狀況，針對油性、乾性、敏感性、熟齡老化肌膚等之差異，來選用適當的精油調配租適合自己的專屬用品，以便對症下藥，讓保養到位。

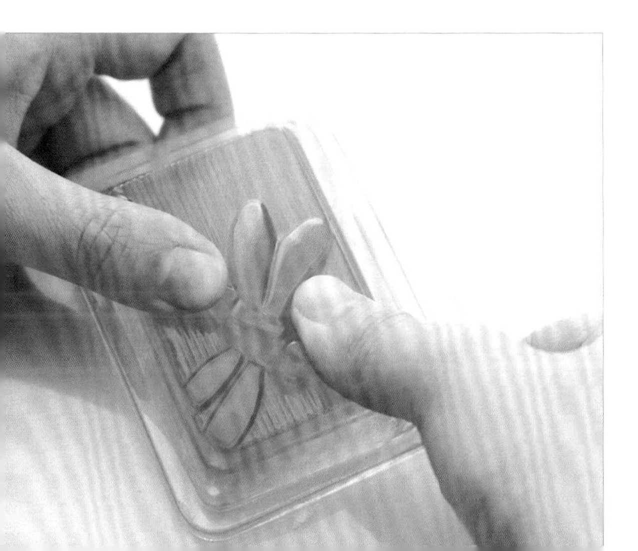

精油效能 5

透過嗅覺傳導，啟動腦部邊緣系統

為什麼精油可以幫助舒緩病症、放鬆心情？因為純精油是天然植物提煉而成，會散發出自然香氣，當香氣分子經過嗅覺細胞的嗅覺受體、與嗅覺受器結合之後，嗅覺神經細胞便會活化，並將所接收到的外界刺激化成訊息傳遞到大腦嗅球的微小區域（嗅小體），之後，藉由僧帽細胞(mitral cells)繼續將訊息送到大腦其他部位進行訊息組合，因此，人體就能有意識的感知到這特定的香味。而當嗅覺訊息傳遞到腦部的邊緣系統，又因邊緣系統負責掌握我們的情緒、性行為、記憶……等，所以精油化學分子便可藉由嗅覺啟動相關運作，直接或間接影響情緒感受，進而達到減輕身心壓力、緩減肌膚負擔之效。

上述5大功效，讓精油成為流傳千年的美容聖品。但是，我還想要再特別提醒的是，當我們在調製保養品時，請記住一個原則，那就是：**「你怎麼對待它，它就怎麼對待你。」**所以，請務必保持專注的精神及愉快的心情，如此一來，你所調製出來的保養品才能與你深刻對話，讓你從內到外都徹底美麗！

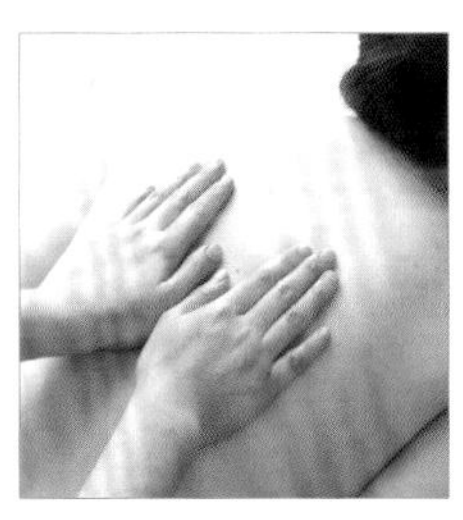

用精油做的保養品，種類功能超齊全

從化妝水到精華液，6大類23種單品讓你從頭美到腳！

本單元將常用的保養品分為 6 大類、共 23 種，除介紹各種保養品的基本功效，也將精油應占成品比例、適合盛裝器皿、保存期限以及保存方法作一歸納整理，以便隨時翻閱參考。

天然精油對於保養皮膚具有極佳的功效，但要注意的是不可直接塗抹於皮膚，必須經過稀釋才能使用。但也由於精油的分子極小，可存在於各種型態的保養品中，所以無論是液態的化妝水、精華液，半固態的凝膠、乳霜，還是固態的護唇膏、沐浴鹽，都可以加入精油來增加其保養效果，只是依照使用部位的不同，所以取用的精油分量與所占濃度比例不一樣，調製時需特別注意，以免用量過高造成皮膚傷害。

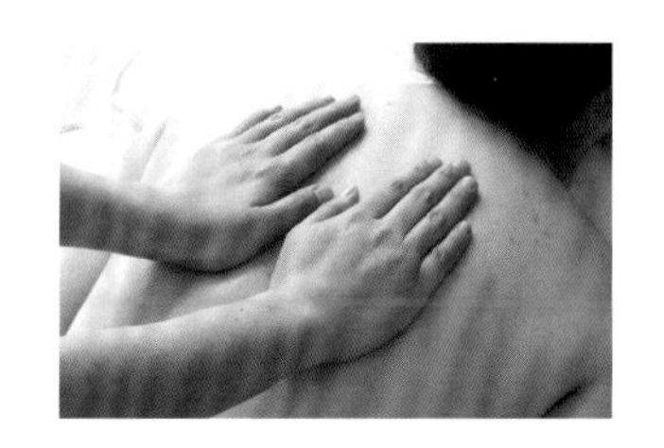

I・【液狀保養品】

包括化妝水、乳液，以及洗面慕絲、洗髮精等用品，調製後的成品以液態方式呈現，其主要基質是純水，約占成品40%～99%。

	品項	頁碼	基本功效	成品精油所占濃度	適合盛裝器皿	保存期限	保存方法
01	潔顏慕絲	58	清潔臉部皮膚。	0.5～1%	慕絲瓶	30天	放置陰涼處避免陽光直射。
02	化妝水	72	平衡水分，收斂及軟化臉部肌膚角質。	0.5～1%	塑膠避光噴頭瓶		
03	乳液	74	平衡及調理皮膚油脂。	臉部乳液 0.5～1% 身體乳液約3%	塑膠或玻璃避光壓頭瓶		
04	洗髮精	108	洗淨、清潔頭皮以及頭髮。	0.5～1%	塑膠避光長壓頭瓶		
05	沐浴乳	116	沐浴、清潔全身肌膚。	3%	塑膠避光長壓頭瓶		

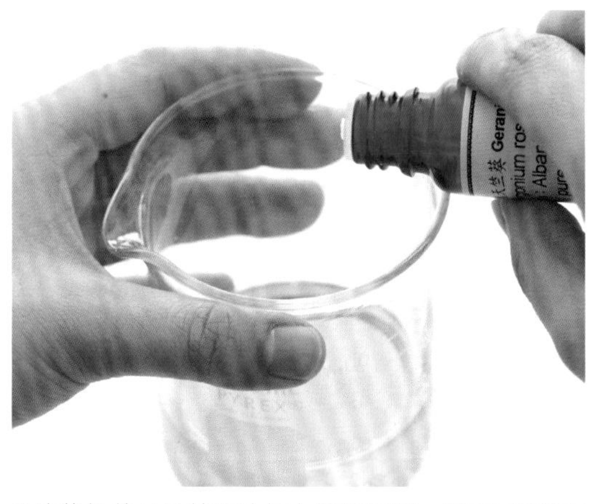

↑油狀保養品是基底油加上精油調製，是DIY保養中最簡單的一種。

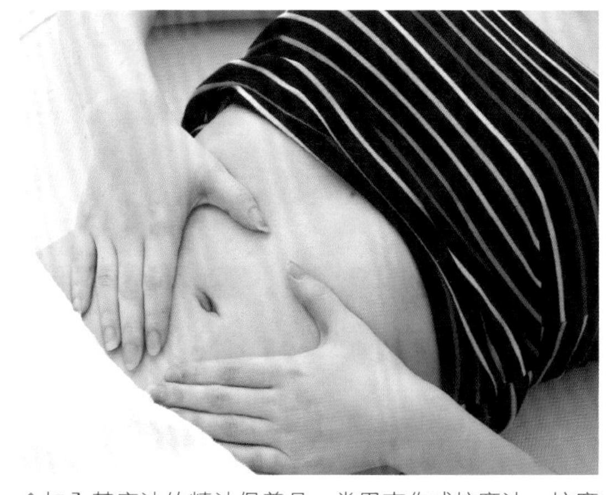

↑加入基底油的精油保養品，常用來作成按摩油，按摩身體各部位。

II·【油狀保養品】

包括卸妝油、按摩油、指緣護膚油等用品，以100%基底油加入精油調製而成，成品呈油脂狀，內容除精油外，無任何水份。

	品項	頁碼	基本功效	成品精油所占濃度	適合盛裝器皿	保存期限	保存方法
06	卸妝油	50	卸除臉部彩妝、汙垢，乾性皮膚適用。	0.5～1%	塑膠避光長壓頭瓶	45天	放置陰涼處避免陽光直射。
07	臉部按摩油	96	按摩臉部肌膚，促進皮膚彈性。	0.5～1%	玻璃避光短壓頭瓶		
08	頭皮按摩油	114	按摩頭皮，舒緩壓力。	0.5～1%	玻璃避光短壓頭瓶		
09	指緣油	128	減緩指甲周邊乾燥現象，潤澤肌膚。	3%	玻璃指甲油瓶		
10	身體按摩油	140	按摩全身，促進血液循環、經絡通暢。	3%	玻璃避光短壓頭瓶		

III・【凝膠狀保養品】

包括精華液、凝膠等保養用品，成品介於水與果凍狀之間。製作時以濃縮凝膠為基底、與水融合後調製而成。質地清爽不油膩，容易被肌膚吸收。

	品項	頁碼	基本功效	成品精油所占濃度	適合盛裝器皿	保存期限	保存方法
11	卸妝凝露	52	卸除臉部彩妝、汙垢，油性皮膚適用。	0.5～1%	塑膠避光短壓頭瓶	30天	放置陰涼處避免陽光直射。
12	精華液	80	提供肌膚額外滋養成分或幫助保溼。	0.5～1%	塑膠避光短壓頭瓶	30天	最好置於冰箱。若未冰存，需放置在陰涼處，避免陽光直射。
13	眼膜	104	鎮靜眼周肌膚，提供潤澤避免乾燥。	0.5～1%	食物保鮮盒	冰箱放7天未冰放2天	

IV・【霜狀保養品】

包括乳霜、眼霜、去角質霜等用品，特性是水與油的結合質感較稠，不但具有油的保濕特質，同時也具有水的清爽感。

	品項	頁碼	基本功效	成品精油所占濃度	適合盛裝器皿	保存期限	保存方法
14	去角質霜	64	去除皮膚老化細胞，帶動深層清潔。	0.5～1%	塑膠或玻璃面霜罐	30天	放置乾燥無陽光直射處，使用完畢鎖緊盒蓋。
15	乳霜	82	滋養潤澤肌膚，避免乾燥、老化。	臉部乳霜0.5～1% 身體乳霜約3%	塑膠或玻璃面霜罐	30天	
16	眼霜	88	滋養眼周肌膚，預防乾燥、老化。	0.5～1%	塑膠或玻璃面霜罐		
17	護手霜	124	滋養手部肌膚，改善乾燥、老化。	0.5～1%	塑膠或玻璃面霜罐		

V·【膏狀保養品】

包括面膜、藥膏等，是液體或油體與固體（或粉末）融合後的成品，由於容易乾掉，所以保存時要注意密封。

	品項 頁碼	基本功效	成品精油所占濃度	適合盛裝器皿	保存期限	保存方法
18	面膜 100	鎮靜臉部肌膚，提供潤澤，避免乾燥。	0.5～1%	塑膠或玻璃面霜罐	3～5天	放置陰涼處避免陽光直射。
19	藥膏 142	外傷消炎、鎮痛、止癢。	3%	塑膠或鋁製藥膏盒	60天	
20	貼布 148	舒緩肌肉緊張，減輕局部痠痛。	3%	夾鍊袋	7天	

VI·【固體狀保養品】

包括洗面皂、護唇膏等，呈固體狀態。製作時可依喜好自己選擇模型器皿，待凝固、完成後，便能獲得想要的獨特形狀。

	品項 頁碼	基本功效	成品精油所占濃度	適合盛裝器皿	保存期限	保存方法
21	洗面皂 62	清潔臉部皮膚。	0.5～1%	無	30天	放置陰涼處避免陽光直射。
22	護唇膏 90	滋養唇部肌膚，避免乾燥龜裂。	1～2%	唇膏管或廣口小藥盒	60天	
23	浴鹽 120	泡澡清潔全身。	3%	塑膠面霜罐	60天	

只要選對精油產品，經濟實惠又有效

10大便宜又好用的精油，全球芳療達人必備！

本書所示範的48款精油保養品，皆採用10種常用且價格平實的精油所調配出來，以下介紹這10種精油的特色、療效及相關知識，另外再介紹常用的30款精油，及其與改善症狀的對應。

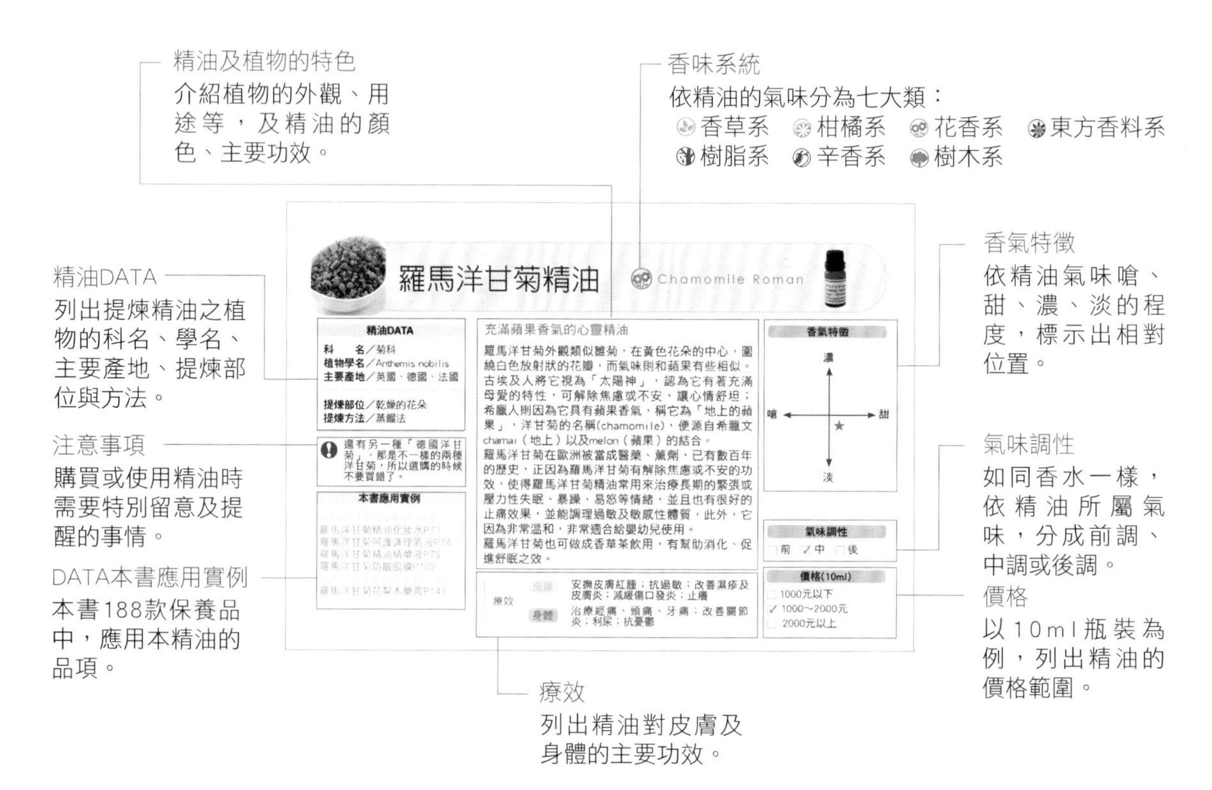

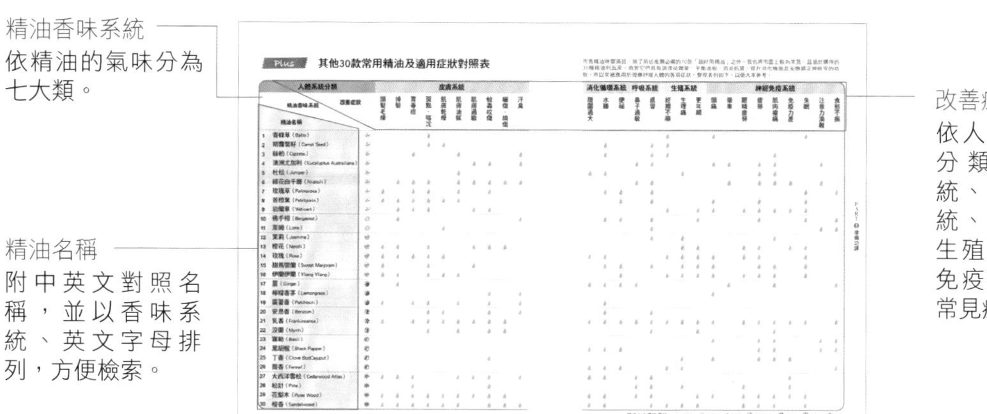

改善症狀

依人體器官系統分類：皮膚系統、消化循環系統、呼吸系統、生殖系統、神經免疫系統，詳列常見症狀。

羅馬洋甘菊精油

Chamomile Roman

精油DATA

科　　名／菊科
植物學名／Anthemis nobilis
主要產地／英國、德國、法國

提煉部位／乾燥的花朵
提煉方法／蒸餾法

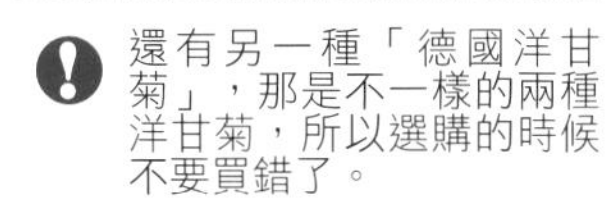

還有另一種「德國洋甘菊」，那是不一樣的兩種洋甘菊，所以選購的時候不要買錯了。

本書應用實例

羅馬洋甘菊抗敏卸妝油P48
羅馬洋甘菊精油化妝水P71
羅馬洋甘菊呵護調理乳液P74
羅馬洋甘菊精油精華液P79
羅馬洋甘菊防皺眼膜P102
羅馬洋甘菊抗敏洗髮精P108
羅馬洋甘菊花梨木藥膏P143

充滿蘋果香氣的心靈精油

羅馬洋甘菊外觀類似雛菊，在黃色花朵的中心，圍繞白色放射狀的花瓣，而氣味則和蘋果有些相似。古埃及人將它視為「太陽神」，認為它有著充滿母愛的特性，可解除焦慮或不安，讓心情舒坦；希臘人則因為它具有蘋果香氣，稱它為「地上的蘋果」，洋甘菊的名稱(chamomile)，便源自希臘文chamai（地上）以及melon（蘋果）的結合。
羅馬洋甘菊在歐洲被當成醫藥、薰劑，已有數百年的歷史，正因為羅馬洋甘菊有解除焦慮或不安的功效，使得羅馬洋甘菊精油常用來治療長期的緊張或壓力性失眠、暴躁、易怒等情緒，並且也有很好的止痛效果，並能調理過敏及敏感性體質，此外，它因為非常溫和，非常適合給嬰幼兒使用。
羅馬洋甘菊也可做成香草茶飲用，有幫助消化、促進舒眠之效。

療效		
	皮膚	安撫皮膚紅腫；抗過敏；改善濕疹及皮膚炎；減緩傷口發炎；止癢
	身體	治療經痛、頭痛、牙痛；改善關節炎；利尿；抗憂鬱

香氣特徵

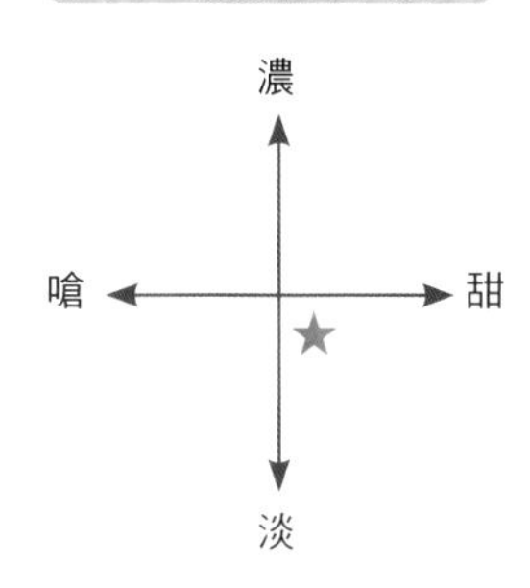

氣味調性

□前　☑中　□後

價格(10ml)

□ 1000元以下
☑ 1000～2000元
□ 2000元以上

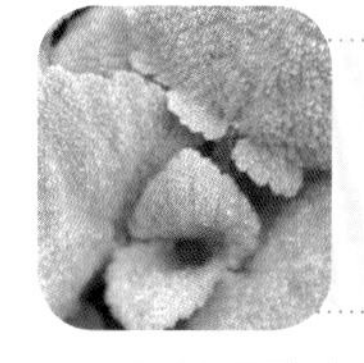

快樂鼠尾草精油

Clary Sage

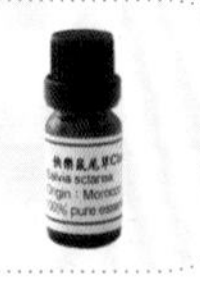

精油DATA

科　　名／唇形科
植物學名／Salvia sclarea
主要產地／法國、義大利

提煉部位／花、葉
提煉方法／蒸餾法

開車前及飲酒前後請勿使用，婦女懷孕期間亦避免使用。

本書應用實例

快樂鼠尾草平衡精華液P78
[illegible]
[illegible]
[illegible]
快樂鼠尾草鎮痛貼布P146
（植物照片提供／台灣原生應用植物園）

醫療用途廣泛的淨化精油

快樂鼠尾草是鼠尾草(Sage)家族九百多成員其中一種，花朵為穗狀花序，唇形花冠是淺藍或白色大型苞片，花苞有淺紫與白色斑點。
鼠尾草的名稱(Sage)來自於古拉丁文，原意為「我獲得救護」(I save)」，可見其功能就在於醫療，阿拉伯人甚至流傳一句諺語：「一個人的花園中如果種植了鼠尾草，他怎麼可能會死？」由此可知鼠尾草在古代醫療用途之廣泛與效用之多。
快樂鼠尾草的俗名Clary Sage，推測是由拉丁文的「淨化(clarus)」演變而來的，中世紀時的藥草家稱它為「清徹之眼」，因為它可以治療各類眼疾。
快樂鼠尾草精油為淡黃色，具有堅果的香氣，其最特殊的功效是可以調理女性荷爾蒙，對經痛或是更年期都有很好的調理效果，且還是出名的催情劑。

療效		
	皮膚	平衡油脂分泌；改善壓力性掉髮、雄性禿及頭皮屑；預防及改善老化肌膚
	身體	調整荷爾蒙分泌；改善生理痛；治療氣喘、偏頭痛

香氣特徵

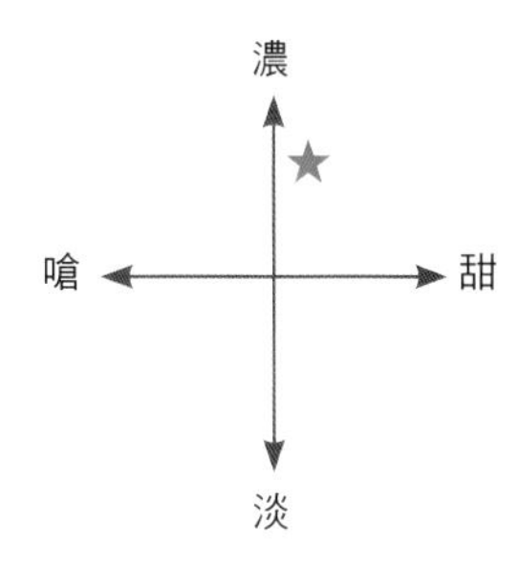

氣味調性

□前　☑中　□後

價格(10ml)

☑ 1000元以下
□ 1000～2000元
□ 2000元以上

玫瑰天竺葵精油

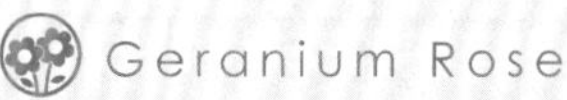

精油DATA

科　　名／牻牛兒苗科
植物學名／*Pelargonium roseum*
主要產地／法國、西班牙

提煉部位／花、葉
提煉方法／蒸餾法

 孕婦不宜使用所有天竺葵類精油。

本書應用實例

玫瑰天竺葵深層卸妝油P50
玫瑰天竺葵抗皺眼霜P88
玫瑰天竺葵緊實眼膜P104
玫瑰天竺葵絲滑沐浴乳P118

高價玫瑰的替代精油

玫瑰天竺葵的葉片為掌狀，葉片覆蓋著極細的絨毛，花朵為淺粉紅或深粉紅色，是兩百多種天竺葵中，最為人所熟知的品種。

玫瑰天竺葵精油為黃綠色，因為具有平衡皮膚油脂的功效，所以常被添加於化妝保養品中，也能安撫焦燥、抗憂鬱，對神經系統極有療效。玫瑰天竺葵顧名思義，其精油有著玫瑰般的香氣，且含有玫瑰精油中有的牻牛兒醇與香茅醇，亦有玫瑰精油相同的通經活血，強化子宮卵巢等調節女性荷爾蒙功能，但價錢與純質玫瑰精油有著十倍的差距，所以號稱「窮人的玫瑰」。

玫瑰天竺葵葉質細嫩，可當食材及茶飲，也常被用於添加於果醬或糕點中調味。

療效		
	皮膚	調整油脂分泌；肌膚保濕；促進傷口癒合；淡化痘疤
	身體	改善水腫；調節荷爾蒙；強化泌尿及循環系統

香氣特徵

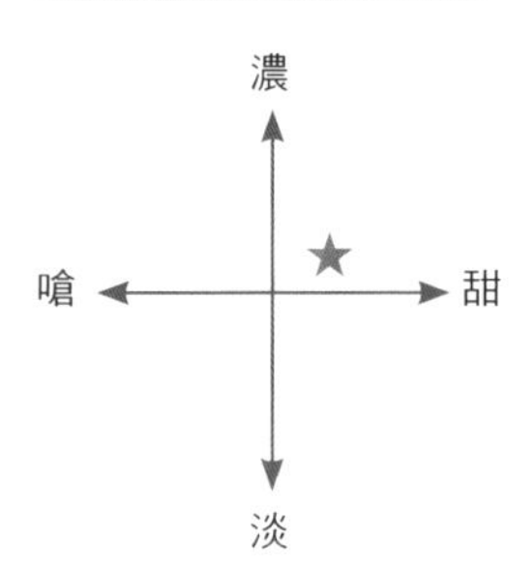

氣味調性

□前　☑中　□後

價格(10ml)

□ 1000元以下
☑ 1000～2000元
□ 2000元以上

葡萄柚精油

Grapefruit

精油DATA

科　　名／芸香科
植物學名／*Citrus paradisi*
主要產地／美國、以色列

提煉部位／果皮
提煉方法／壓榨法

日曬前盡量不要使用，以免引起光敏性。

本書應用實例

葡萄柚煥顏卸妝凝露P54
葡萄柚控油潔顏慕絲P58
葡萄柚精油去角質霜P65
葡萄柚亮肌化妝水P70
葡萄柚玫瑰浴鹽P120
葡萄柚緊腹按摩油P138
葡萄柚美腿按摩油P140

香甜清新的解憂精油

葉子狹長，呈深綠色，花為四瓣白色，果實外皮為黃橙色，呈圓球形，又常數十個簇生成穗，形似葡萄，而味道酸中帶甜的果肉，形狀如同柚子果肉之水滴狀，故名為「葡萄柚」，依果肉顏色，有白色、粉紅、紅色及深紅等不同品種。最常見的用途是水果或用於食品加工，做成果汁或甜點。

葡萄柚精油呈淡黃色，氣味有著和新鮮葡萄柚非常接近的香甜感，使用葡萄柚精油會帶給人們清新舒暢的感覺，尤其在心情煩悶緊張時，葡萄柚的氣味可以使人重新冷靜下來，所以被認定是最能抗憂鬱的精油之一，且因其能刺激淋巴系統，促進身體體液循環，改善橘皮組織，所以也是調配減肥按摩油時不可或缺的成分。

療效		
	皮膚	調理油脂分泌；改善橘皮組織
	身體	幫助淋巴循環；強化肝、胃功能；增進食慾；治療緊張型憂鬱、頭痛

香氣特徵

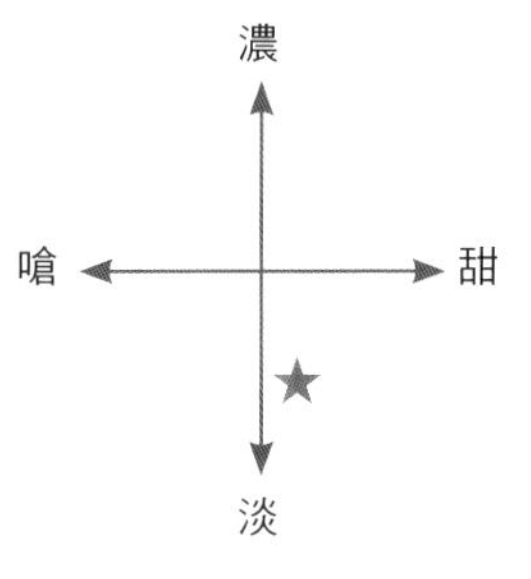

氣味調性

☑前　□中　□後

價格(10ml)

☑ 1000元以下
□ 1000～2000元
□ 2000元以上

純正薰衣草精油

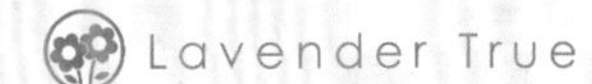

精油DATA

科　　名／唇形科
植物學名／Lavandula angustifolia
主要產地／法國、英國

提煉部位／花頂
提煉方法／蒸餾法

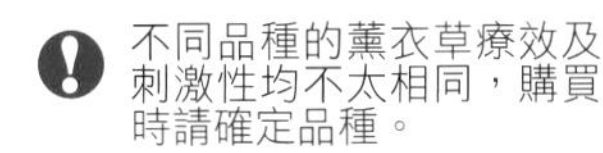

不同品種的薰衣草療效及刺激性均不太相同，購買時請確定品種。

本書應用實例

薰衣草橄欖保濕洗面皂P60
薰衣草精油去角質霜P65
薰衣草精油乳液P77
薰衣草修復護唇膏P90
薰衣草精油護唇膏P93
薰衣草精油面膜P99
薰衣草舒壓頭皮按摩油P112
薰衣草精油指緣油P13[illegible]
薰衣草蜂蠟藥膏P142
薰衣草凡士林藥膏P143

使用範疇廣泛的萬用精油

薰衣草窄長的葉子呈灰綠色，莖幹甚長，花朵呈藍紫色，上面覆蓋星形細毛，因其有強大的殺菌效果，古羅馬人使用它來泡澡和清潔傷口，所以，薰衣草的拉丁字根「Lavare」的意思就是「洗」，也有人將薰衣草用於防蟲蛀及保持衣物或室內清香。

薰衣草精油並不如它的花朵般呈現藍紫色，而是接近透明無色，因其有優越的殺菌、止痛與鎮定安撫作用，而且較溫和，各種身分或肌膚皆可使用，所以在各種形式的芳療中都能看到它的身影，無論是稀釋後的塗抹、泡澡、吸嗅，或是加入護膚產品中……使得薰衣草精油成為使用範圍最廣的「萬用精油」。

此外，薰衣草也是著名的食材，常用來做為花草茶飲，或是果醬及入菜香料。

療效		
	皮膚	治療燒燙傷；促進細胞再生；修護細胞；消炎；治療濕疹、皮膚炎
	身體	平衡神經系統；改善肌肉痠痛；改善消化不良、便祕；消炎止痛

香氣特徵

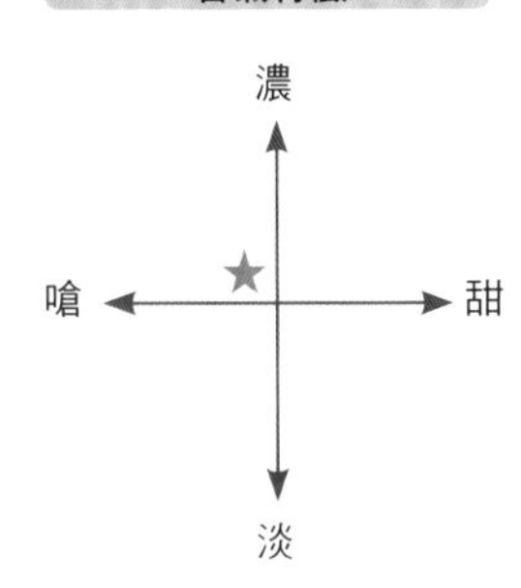

氣味調性

✓前　□中　□後

價格(10ml)

✓ 1000元以下
□ 1000～2000元
□ 2000元以上

檸檬精油

Lemon

精油DATA

科　　名／芸香科
植物學名／Citrus limonum
主要產地／義大利、西班牙

提煉部位／果皮
提煉方法／壓榨法

檸檬精油可能會引起光敏感，使用後肌膚應避免受到紫外線照射。

本書應用實例

[illegible]
[illegible]
[illegible]
檸檬嫩白乳霜P82
檸檬美白保濕面膜P98
[illegible]

清甜微酸的美白精油

檸檬是常綠灌木，春季開著白色帶紫色的小花，花瓣呈放射狀，果實外形呈橢圓形而兩頭尖，含有大量維生素及鈣、鐵等，營養價值甚高。主要為榨汁用，有時也用做烹飪調料，但極少拿來鮮食。

提煉出的檸檬精油為淡黃並帶有一點綠色，有著檸檬果實的清新、鮮甜而微酸的氣息。最重要的功能是可以刺激人體產生抵抗力，在治療感染病或外傷傷口時，是不可或缺的精油種類，而其有美白、收斂的功效，也使得檸檬精油大量運用在各式保養品中。但要注意的是：雖然檸檬精油可使用於多種用途，但它屬於容易刺激皮膚的精油，使用前，務必稀釋到1%的濃度。

療效		
	皮膚	美白；消毒殺菌；頭皮調理；軟化角質；止癢；收斂油脂分泌
	身體	增強免疫力；改善靜脈曲張、消化不良、關節疼痛

香氣特徵

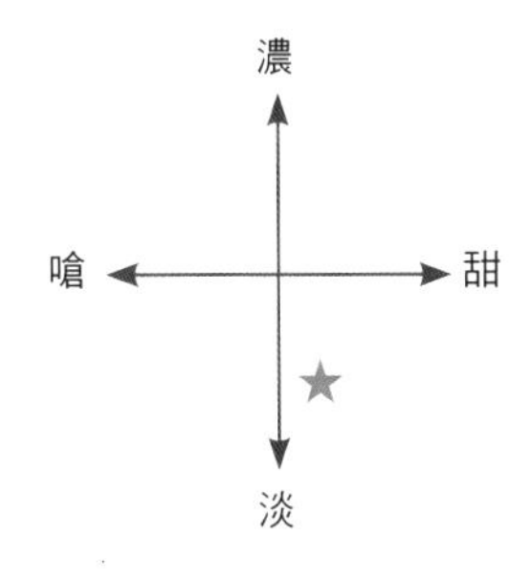

氣味調性

✓前　□中　□後

價格(10ml)

✓ 1000元以下
□ 1000～2000元
□ 2000元以上

甜橙精油

Orange Sweet

精油DATA

科　　名／芸香科
植物學名／Citrus sinensis
主要產地／以色列、義大利、美國

提煉部位／果皮
提煉方法／壓榨法

甜橙精油可能會引起光敏感，使用後肌膚應避免受到紫外線照射。

本書應用實例

甜橙柔膚去角質霜P66
甜橙精油化妝水P73
甜橙水潤保濕眼霜P86
甜橙保濕護唇膏P92
甜橙煥采按摩油P96
甜橙紓壓洗髮精P110

抗憂鎮定的溫暖精油

甜橙種類多達四百種，是柑橘類中品種最多的水果，樹葉片呈有鋸齒狀的橢圓或卵圓形，開白色小花，結黃橘色圓形果實，滋味甜中帶酸，可以剝皮鮮食果肉，也可榨汁，或是做為食品用原料。
甜橙精油是使用壓榨法萃取甜橙皮所得到的，有濃濃橘子的香氣，是許多人都喜歡的幸福氣味，可以讓人感到愉快，並且有充滿陽光的溫暖感覺，呈現深金黃色澤，是能抗憂鬱、溫和鎮定的精油，是幫助肌膚增生膠原蛋白的最佳精油。甜橙精油是榨取果皮，而橙花精油則是萃取花瓣，但因為是同種植物，所以兩者具有類似的性質，皆有抗憂鬱、溫和鎮定的效果，但甜橙精油的味道更為溫暖，彷彿保留了果實成熟所吸收的大量陽光，更適合讓人變得心情愉快。

療效

皮膚：促進細胞代謝；促進皮膚產生膠原蛋白；調理油脂分泌
身體：改善消化不良、失眠；抗憂鬱

香氣特徵

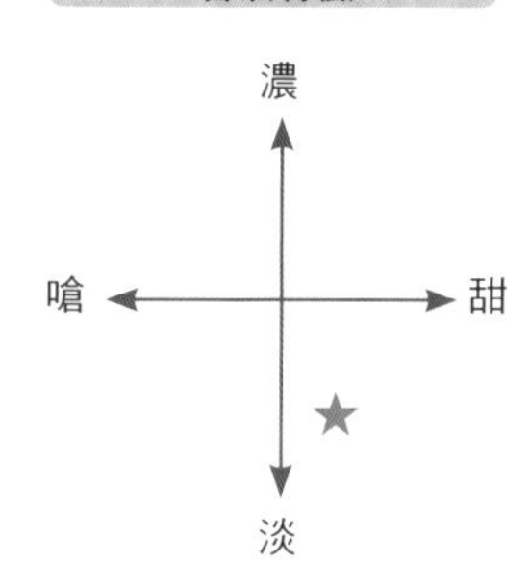

氣味調性

☑ 前　☐ 中　☐ 後

價格(10ml)

☑ 1000元以下
☐ 1000～2000元
☐ 2000元以上

薄荷精油

Peppermint

精油DATA

科　　名／唇形科
植物學名／Mentha piperita
主要產地／匈牙利、保加利亞

提煉部位／葉
提煉方法／蒸餾法

懷孕及哺乳中之婦女不宜使用；因容易造成過敏，一定要稀釋使用。

本書應用實例

薄荷修護抗敏乳霜P84
薄荷精油護唇膏P91
薄荷精油洗髮精P109
薄荷精油頭皮按摩油P113
薄荷精油沐浴乳P117
薄荷清爽護手霜P124
薄荷精油指緣油P129
薄荷肩頸按摩油P134
薄荷清涼藥膏P144

提神醒腦的清涼精油

薄荷花為淡紫色，葉子邊緣有鋸齒，其氣味清涼，有強勁的穿透力，古代的羅馬人就知道用薄荷來改善消化不良的症狀，也會用薄荷來製酒，還被希伯來人作為製造香水的原料。
傳說薄荷的學名「Mentha」，是從希臘神話中妖精Mentha而來。傳說Mentha是冥界之神哈德斯所愛的妖精，有一次，哈德斯的妻子發現Mentha在哈德斯懷裡，她便將Mentha變成一株薄荷。
薄荷精油最眾所周知的功用就是提神醒腦，亦有益於改善呼吸道的毛病，可治氣喘、支氣管炎、肺炎及肺結核，除了提煉出淡黃色的精油，也廣為中醫界所應用，並因為其獨特的氣味，而被廣泛運用於各個領域，包括藥品、食品、飲料、烹飪等。

療效

皮膚：平衡油脂分泌；預防蚊蟲叮咬；止癢；曬後皮膚修護
身體：治療感冒、腹瀉、消化不良、嘔吐和反胃；改善頭痛；緩解鼻塞

香氣特徵

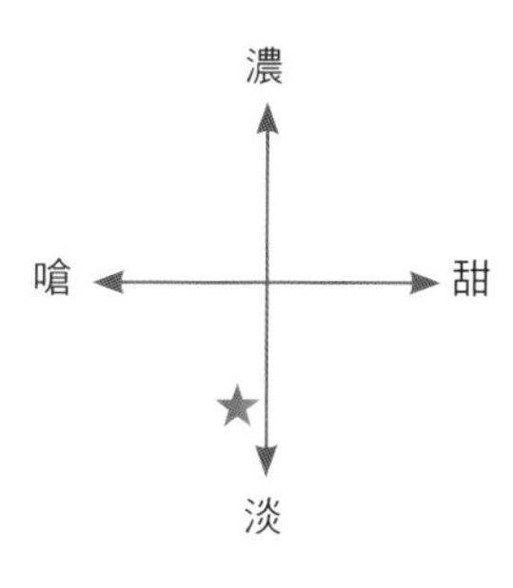

氣味調性

☑ 前　☐ 中　☐ 後

價格(10ml)

☑ 1000元以下
☐ 1000～2000元
☐ 2000元以上

迷迭香精油

精油DATA

科　　名／唇形科
植物學名／Rosmarinus officinalis
主要產地／西班牙、法國

提煉部位／葉
提煉方法／蒸餾法

癲癇及腦部曾有創傷者、孕婦避免使用，高血壓患者小心使用。

本書應用實例

迷迭香平衡油脂化妝水P72
迷迭香緊緻保濕乳液P76
迷迭香綠礦泥抗痘面膜P100
迷迭香活化頭皮按摩油P114
迷迭香肌肉痠痛貼布P148

增添食物風味的香料精油

迷迭香的葉子為對生針狀，葉背長有短毛，花朵則因品種不同，有紫色、藍色、粉紅或白色。最初產於地中海沿岸，所以它的學名是由拉丁文「ros」和「marinus」結合而成，意思是「大海的朝露」。
迷迭香是最早用於醫藥的植物之一，中世紀便有利用燃燒迷迭香作為消毒薰劑的記載；而它也因為有強大的殺菌力，在古代沒有冰箱時，能用於延緩肉品腐爛，演變至今，在傳統的地中海料理中，常會用新鮮或乾燥的迷迭香葉子做成香料，來增加食物風味，也可以做為花草茶的原料。迷迭香還可以用來做為庭園觀賞植物，很容易照顧，很適合園藝初學者種植。迷迭香精油呈淡黃色或無色，常用於肌膚保養，及頭皮護理，使肌膚緊緻年輕，並減少掉髮與增進頭髮光澤。

療效

皮膚　緊實肌膚；護理頭皮

身體　改善呼吸系統；改善頭暈；集中注意力；刺激腦細胞活化

香氣特徵

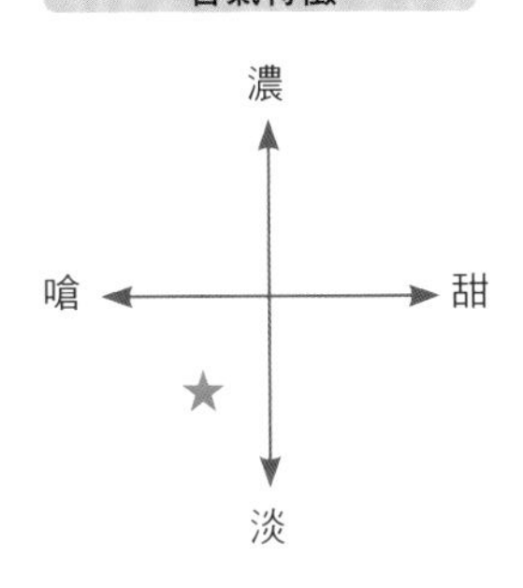

氣味調性

☑ 前　☐ 中　☐ 後

價格(10ml)

☑ 1000元以下
☐ 1000～2000元
☐ 2000元以上

茶樹精油

精油DATA

科　　名／桃金鑲科
植物學名／Melaleuca alternifolia
主要產地／澳洲、紐西蘭

提煉部位／葉
提煉方法／蒸餾法

本書應用實例

茶樹控油卸妝凝露P52
茶樹精油潔顏慕絲P59
茶樹除痘精華液P80
茶樹皮脂調理按摩油P94
茶樹精油面膜P101
茶樹抗痘沐浴乳P116
茶樹抗菌護手霜P126

療癒傷口的殺菌精油

茶樹最早發現於澳洲，它是一種很小的常青樹，葉片細長如松樹一般，並帶著清新的香味，它傳統名稱為「Ti-Tree」，目前的「Tea Tree」是新拼法，雖然被稱為茶樹，卻與我們喝的茶及茶葉無關，是不同的植物，不要混淆了！
據說澳洲土著受傷時，將茶樹葉搗碎敷在傷口上，可以幫助傷口消毒，加速康復，被毒蛇咬傷時，也可用茶樹作為解毒良方；甚至在第二次世界大戰時，軍人們還用它來消毒傷口。
茶樹精油是淺黃色或無色的，其最大的特色是就是有很強的消毒殺菌的功效，尤其是對抗黴菌，廣泛運用在各類清潔保養用品，如：洗髮精、沐浴乳、牙膏、肥皂等。

療效

皮膚　消毒殺菌；治療青春痘、香港腳

身體　治療呼吸道感染、蚊蟲叮咬、感冒；提升免疫力

香氣特徵

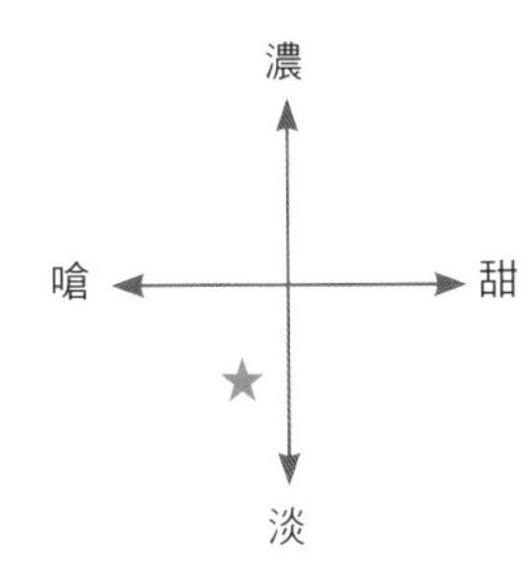

氣味調性

☑ 前　☐ 中　☐ 後

價格(10ml)

☑ 1000元以下
☐ 1000～2000元
☐ 2000元以上

Plus 其他30款常用精油及適用症狀對照表

人體系統分類		皮膚系統									
精油名稱 (精油香味系統 / 改善症狀)		頭髮毛燥	掉髮	青春痘	斑點．暗沉	肌膚乾燥	肌膚油膩	肌膚過敏	蚊蟲咬傷	曬傷．燒傷	汗臭
1	香蜂草（Balm）				●						
2	胡蘿蔔籽（Carrot Seed）				●	●					
3	絲柏（Cypress）			●			●				●
4	澳洲尤加利（Eucalyptus Australiana）							●	●		●
5	杜松（Juniper）						●				
6	綠花白千層（Niaouli）		●	●	●		●	●	●	●	●
7	玫瑰草（Palmarosa）	●		●	●		●		●		
8	苦橙葉（Petitgrain）	●	●	●	●	●	●				
9	岩蘭草（Vetivert）		●	●	●			●	●		
10	佛手柑（Bergamot）		●								●
11	萊姆（Lime）					●					
12	茉莉（Jasmine）										
13	橙花（Neroli）	●	●		●			●	●	●	
14	玫瑰（Rose）	●	●	●	●	●					
15	甜馬鬱蘭（Sweet Marjoram）	●			●			●			
16	伊蘭伊蘭（Ylang Ylang）	●	●		●	●	●				
17	薑（Ginger）		●								
18	檸檬香茅（Lemongrass）								●		●
19	廣藿香（Patchouli）	●		●	●		●		●		●
20	安息香（Benzoin）				●	●			●		●
21	乳香（Frankincense）	●		●	●	●	●	●	●	●	
22	沒藥（Myrrh）				●		●		●	●	
23	羅勒（Basil）										
24	黑胡椒（Black Papper）										
25	丁香（Clove BudCajuput）								●		
26	茴香（Fennel）										
27	大西洋雪松（Cedarwood Atlas）	●	●	●			●	●	●		●
28	松針（Pine）			●					●		
29	花梨木（Rose Wood）	●	●	●	●	●	●	●	●	●	
30	檀香（Sandalwood）	●	●	●	●	●	●		●	●	●

市售精油琳瑯滿目，除了前述推薦必備的10款「超好用精油」之外，我也將市面上較為常見、且易於購得的30種精油列出來，由於它們具有調理荷爾蒙、平衡油脂、消炎抗菌、提升消化機能及安撫鎮定神經等的功能，所以常被應用於理療紓緩人體的各項症狀，整理表列如下，以便大家參考。

消化循環系統			呼吸系統		生殖系統			神經免疫系統								
腹圍過大	水腫	便祕	鼻子過敏	感冒	經期不順	生理痛	更年期	頭痛	暈車	眼睛疲勞	疲勞	肌肉痠痛	免疫力差	失眠	注意力渙散	食慾不振
					💧			💧						💧		
	💧			💧	💧											
	💧			💧	💧							💧				
			💧	💧				💧	💧		💧	💧			💧	
💧	💧					💧					💧	💧				
			💧	💧					💧		💧	💧	💧		💧	
	💧	💧		💧										💧		💧
		💧		💧				💧			💧			💧		
					💧		💧	💧		💧	💧	💧	💧	💧		
	💧	💧		💧			💧				💧			💧		💧
				💧											💧	💧
				💧		💧						💧				
						💧	💧			💧	💧		💧	💧		
💧	💧				💧	💧	💧	💧		💧	💧			💧		
	💧	💧		💧		💧	💧	💧			💧	💧		💧		
		💧			💧	💧	💧	💧		💧	💧	💧		💧		
💧	💧	💧	💧						💧			💧				💧
								💧								
	💧															
	💧			💧												
💧	💧	💧	💧	💧	💧	💧	💧	💧		💧	💧	💧	💧	💧		💧
				💧			💧					💧				
								💧			💧	💧			💧	💧
💧	💧	💧									💧	💧			💧	💧
						💧		💧			💧	💧	💧			
💧	💧	💧			💧	💧										💧
💧	💧		💧	💧									💧			
			💧	💧		💧				💧			💧			
💧	💧		💧	💧			💧	💧		💧	💧	💧	💧	💧		
💧	💧			💧	💧	💧	💧			💧	💧	💧		💧		

精油七大香味系統：香草系　柑橘系　花香系　東方香料系　樹脂系　辛香系　樹木系

購買精油入門須知，質地純度很重要

7個關鍵字，幫你快速辨識精油品質好壞

使用質地精純的天然精油，能對人體產生很大的幫助及作用；相反的，如果用到化學合成的香精或香料，不僅白花冤枉錢，還可能對健康造成極大的負擔。

學會如何辨識精油是很重要的一件事。但如何判斷精油好壞這個問題看似簡單，卻不容易回答，因為即便是出自同一品牌的同一種精油，只要產地或出產萃取的時間不同，香味也會不一樣，所以，「經驗」十分重要。

如果你已經是精油玩家，相信買精油對你來說已經不是什麼難事。但如果你是「新手上路」，買精油可就要特別小心囉！第一件要學的是「分辨精油真假」，再來就是「要求好的品質」。下列7個關鍵字，可以幫助你快速掌握辨別精油的入門技巧，提供你做為選購精油時的參考：

Keyword 1【品牌】

對於生手來說，還是**儘量選購已有知名度的品牌，尤其是具備「有機栽種認證」者更好（見P43），**雖然價格可能較高，但相對也較有保障。目前國內外都有知名品牌，有些還會提供精油相關的分析研究資料，不妨作為購買時的比較參考。不過，不可諱言的是，大品牌的精油售價中所加入的管銷費用也相對較高，所以除了品牌，也要注意純度等其他重點。

ECOCERT歐盟
有機認證標章

歐盟EU
有機農產標章

USDA美國
有機農產品標章

Keyword 2 【純度】

正常的精油純度為100%，但除了薰衣草等極少數種類的精油，如果未經稀釋，大多不能直接用於皮膚，以免過度刺激。也因此，在購買時，如果是「可以直接塗抹在皮膚上的精油」，一定是已經摻入某些緩衝物質，並非純質精油。不過，仍有許多廠商會在已經稀釋的精油、甚至是化學合成的香精產品包裝上標示「100%純精油」，一定要特別注意，以免上當破財，還可能傷身哦！

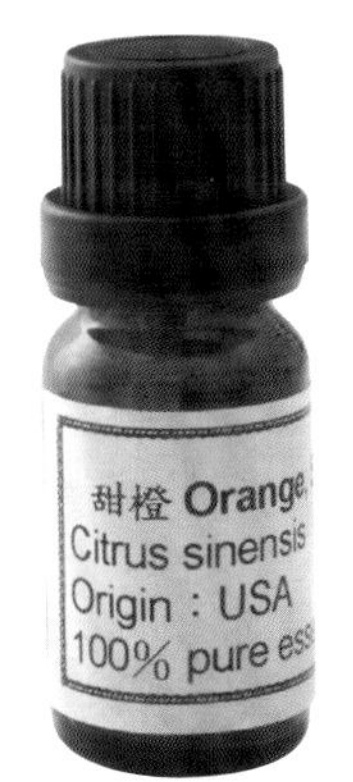

Keyword 3 【香氣】

一般而言，除非植物本身氣味獨特，不然大多數天然植物的味道應該不致讓人感到不舒服，或是太過濃烈。購買精油時，最好能先聞聞味道，但千萬不要直接拿起精油瓶就聞，以免過度刺鼻、造成嗅覺疲勞。**只要將精油瓶蓋放在鼻下約3～5公分處輕輕旋轉晃動，讓精油的香氣與空氣結合，這樣就能聞到精油真正的味道。**若有廉價香水的或令人不適的感覺，就有可能是化學合成物的混充品，與天然精油相較，不僅原料成本價差百倍，更有危害身體之虞。

「衛生紙測試法」，教你簡單辨識精油品質！

將精油滴在衛生紙上，若為純精油，乾掉之後大多只會留下精油本身的顏色及香氣，除了一些較濃稠的精油，如檀香、安息香、廣藿香等，會留有一點點油漬，一般來說，油漬不會很明顯，有些甚至看不見；但如果是稀釋過的精油，油漬就會很明顯，氣味也會較淡。

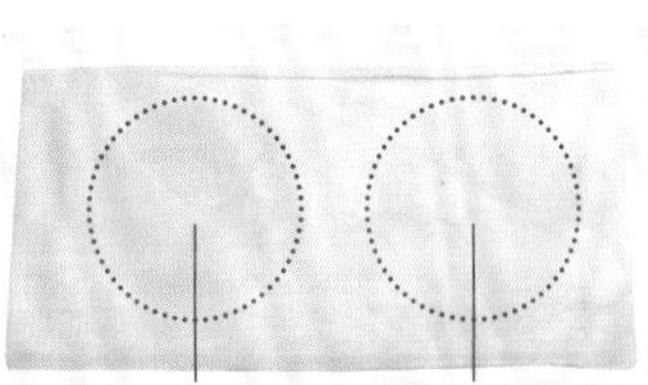

不是純質精油，留下的油漬較為明顯。

純精油滴在衛生紙，乾了之後油漬不甚明顯。

Keyword 4 【價格】

若以從國外購買、含運費為例，一般單方100%天然純精油的價位，10ml至少在新台幣400～500元以上。像果實類的甜橙、檸檬、葡萄柚等精油，因取得較易，價格也比較平易近人，每10ml只要大約新台幣300元左右；但玫瑰、橙花、永久花等精油，由於取得困難，每10ml就要價上萬，**要有「精油價格與精油取得難易度成正比」的觀念。**植物的產地及栽種方式（譬如野生、有機之類）、萃取方式（壓榨或蒸餾等）、採收方式（人工或機器），以及植物品種等因素，都會直接影響品質，由於療效相差懸殊，也會影響精油的價格。因此，如果在夜市看到玫瑰精油一大瓶250元，也就不難猜出成分及真偽了。

Keyword 5 【產地】

每種植物都有正統的代表產地，因為當地的溫度、濕度、海拔高度等環境條件，對於植物的栽培與養成，都有很大的影響，所以，若在購買精油之前能對**「哪些植物盛產於什麼地方」**有一些基本概念，那麼，在選擇的時候，也比較能做出正確判斷，不會漫無目標。

購買純質精油，這些地方提供參考！

以上提供幾種方式提供辨識精油品質，如果還是摸不著頭緒，也可參考以下店家資訊選購。但我還是必須強調：由於精油品質會隨著氣候等種種因素而有所改變，所以無法百分之百保證你所買到的精油一定都在最好的狀態，也因此，還是要靠自己多去嘗試，以便累積經驗。此外，精油買回來之後，保存的方式與期限也很重要，一般而言，應該要放在陰涼處，而且最好在一年內使用完畢，這樣精油的療效會比較完整（當然也有例外的，譬如檀香放久了味道會更好），同時，也要注意有沒有沉澱物質。歡迎大家到我的部落格與我討論！

(http://www.quinessence.com)

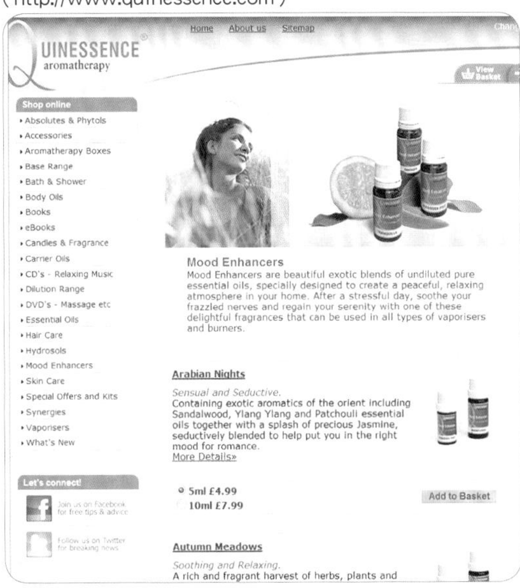

Keyword 6 【標示】

有關精油產品的包裝與相關標示，當然是愈清楚愈好，**包括精油名稱（最好是拉丁學名，**因為中文名稱用法差異甚大，各地稱謂可能完全不同）**、植物種植地、萃取部分、萃取方式、容量、精純度、是否經過稀釋，以及廠商資料等**等，有的還會標註使用方法和使用量，可以看出該廠牌對於產品的負責程度。

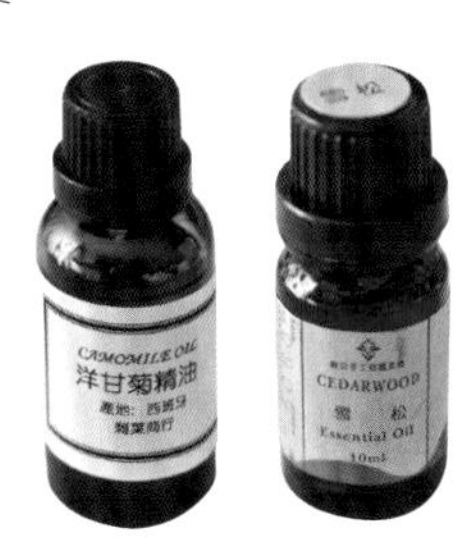

Keyword 7 【通路】

不管是在美容沙龍中心、百貨公司專櫃，還是網站拍賣店家選購精油，這裡要強調的是「賣家的專業度」很重要，因為藉由與對方的諮詢互動，就能觀察出其所販售的產品有沒有問題。舉例來說，過去在我還沒進入正統的芳療學習時，也曾傻傻花了不少錢去買「茉莉綠茶精油」、「麝香精油」、「草莓精油」等產品，直到後來才知道，基本上「沒有油囊的植物」是無法萃取出精油的，也就是說，**綠茶沒有精油可取，麝香屬於動物性的香料，至於草莓、葡萄、芒果等水果，也不可能有精油！**因此，自己要有一點基本知識，購買時才能跟賣家對談，進而從其專業度，來協助判斷該家精油品質如何。

1. 台灣芳香自然保健促進協會▶http://www.tw-aha.org.tw
2. 揚生生化科技中草藥精油▶http://www.yangsen.com.tw
3. 美菁的痞客幫部落格▶http://joan0507.pixnet.net/blog
4. 美菁的無名部落格▶http://www.wretch.cc/blog/JoanChen0507
5. Quinessence Aromatherapy▶http://www.quinessence.com（英國）
6. Fragrant Earth▶http://www.fragrantearth.com （英國）

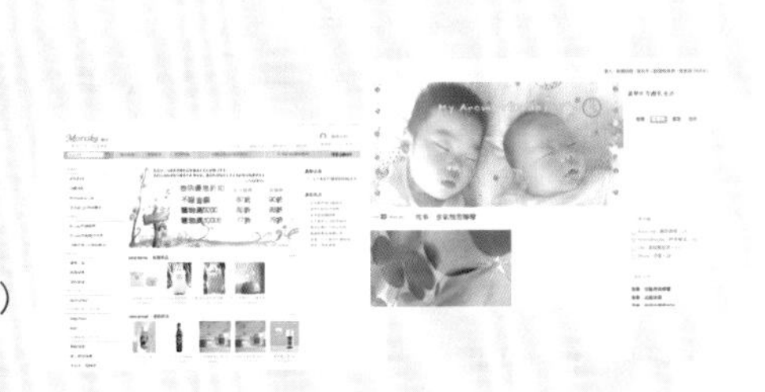

自己調製精油用品，基礎配備不可少

17種工具、33種常用材料，清晰圖解大公開

工具

01 避光壓／噴頭瓶

避光瓶多為深藍、綠、褐色，主要作用為隔離光線照射；而避光瓶上的蓋子則因應盛裝不同性狀的成品而有所變化，有噴頭、短壓頭與長壓頭等。

02 燒杯／量杯

燒杯通常由玻璃製成，一側有一個槽口，便於傾倒液體，也可以加熱，外壁標有刻度，可估計液體體積。量杯則多為塑膠製，有刻度但無法加熱。

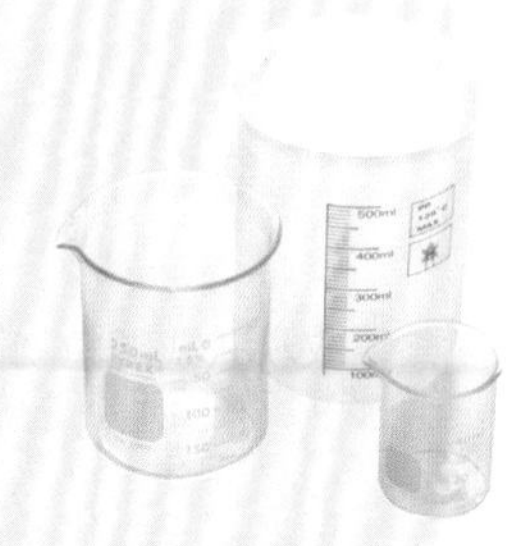

03 慕絲空瓶

這種容器的特殊壓頭運用物理原理，可將瓶中液狀物經由壓擠而噴出細膩泡沫，也就是慕絲狀。

04 唇膏管／盒

專門用來盛裝唇膏，塑膠管下有底座與轉軸，轉動轉軸時，唇膏就會隨軸上升或下降；也可用小容量的盒子來裝盛唇膏。

05 指甲油瓶

多為玻璃或塑膠瓶身，瓶蓋附有細長刷毛，用以蘸取液體刷在指甲表面。

06 乳霜盒／罐

用來盛裝霜狀物或膏狀物的容器，有塑膠、玻璃、壓克力等材質，並有各種大小不同容量。

07 攪拌棒

多半為細長的玻璃棒，用以攪拌混合液體或濃稠物質。也有木頭材質，即一般咖啡攪拌棒。

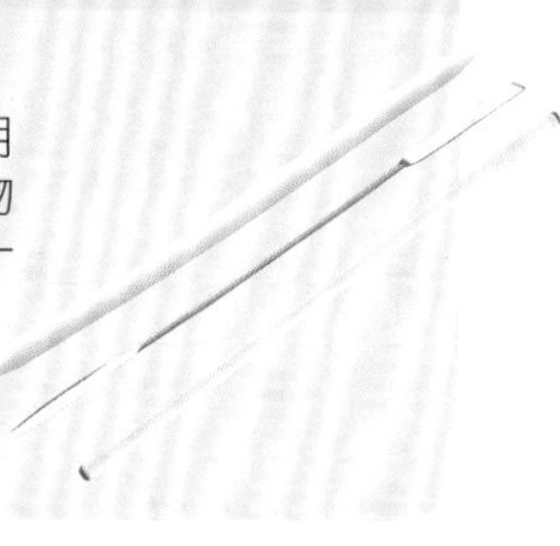

08 空針筒

抽取少量液體用，使用時需將最前端的金屬長針拿掉。每取抽過一種溶液後，一定要清洗乾淨再抽取下一種，以避免染污。也可多備幾支，以便抽取不同溶液使用。

09 電子秤

以充電或插電方式顯示被稱物品的重量，用來替代傳統磅秤，除可節省計算時間，並且更為精準。

10 量匙

用來挖取粉狀或顆粒物，不同大小各有固定容量。

11 包皂用保鮮膜

PVC（聚氯乙烯）保鮮膜無毒，高韌性，比家用保鮮膜的效果更好，適合包裝手工香皂。

12 電磁爐／瓦斯爐

多半用來隔水加熱、使固體受熱變液狀使用。

13 皂模

儲放皂液的模具，使皂體凝固後呈特定形狀，有矽膠製及塑膠製等材質。

14 剪刀／美工刀

一般切割、剪裁用之工具即可，主要用來裁切包皂保鮮膜。

15 膠帶

寬窄不拘，透明者為佳，主要用來黏貼及固定包皂保鮮膜。

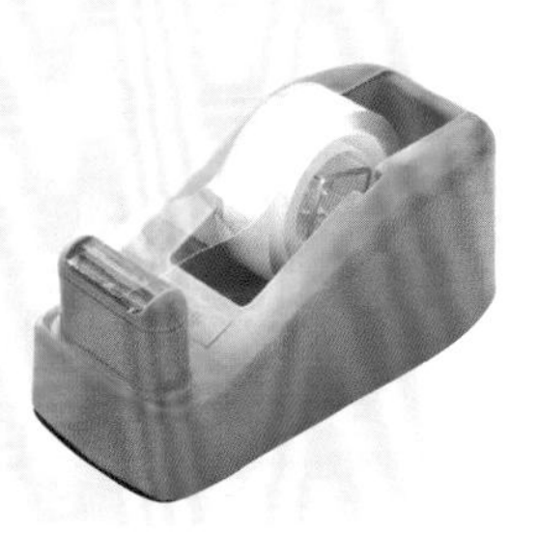

16 切刀／砧板

金屬刀及木製砧板較佳，主要用於切皂基，須與切食物者分開。

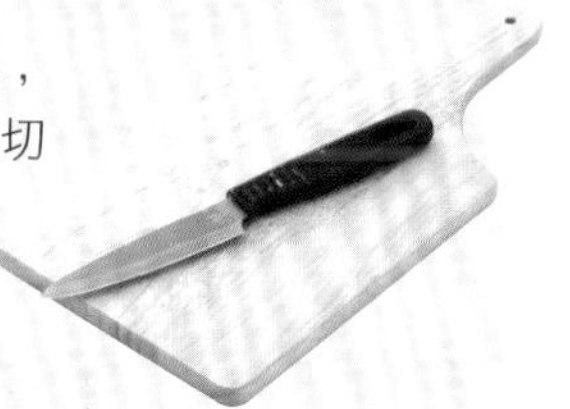

17 挖棒

扁平的棒狀物，用以代替手指，取出膠狀或膏狀的物質。

材料

01 荷荷芭油（液態蠟）

是指從荷荷芭樹的種子所榨出的金黃色液態蠟，特殊之處在於它是一種結構特別的「蠟酯」，與人類皮脂結構相似度很高，可以滲透表皮，因而常用於保養品及按摩使用，尤其適合乾性及敏感性肌膚。保存期較久、不易變質，與其他基底油混合使用，可延長保存期限，是最常使用的基底油。

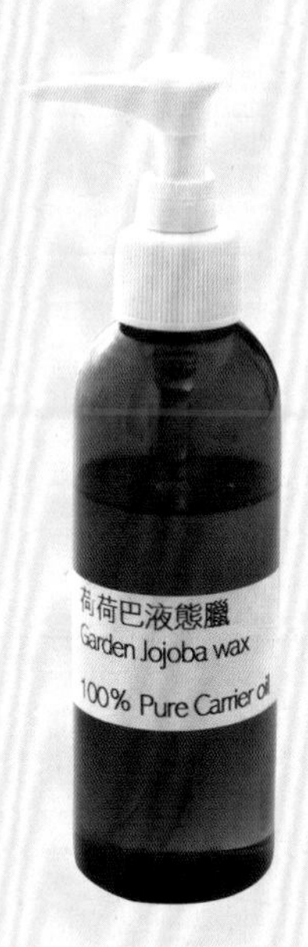

02 葵花籽油

從大型葵花的籽裡所提煉的淡黃色油脂，具有良好的保濕功能，也因富含維他命E，是天然的抗氧化劑。易為皮膚吸收，質感清爽，因此除了當作食用油，也常見用於各種化妝品及護膚用品。

03 月見草油

月見草種子製成的油，呈黃綠色，含有大量的亞麻油酸、維他命與礦物質，可滋養皮膚、減少水分流失、提高肌膚含水量，也有助於荷爾蒙的調理、促進老化細胞代謝。保存期限較短，使用時須注意酸敗。

04 葡萄籽油

榨取自葡萄籽，富含花青素，呈淡黃色、淡綠色或深綠色。質感清爽，抗氧化效用顯著，定期使用有助皮膚細胞抗衰老、保彈性，還包含大量亞麻油酸，有去痘與保濕功效。

05 橄欖油

從橄欖果中榨取出來的綠色油脂，富含易被皮膚吸收的脂溶性維生素，可促進血液循環、改善皮膚乾燥脫屑龜裂，還能用於卸妝、護髮等美容保養用途。氣味較重，可依個人喜好調整比例。

06 苦茶油

與茶油不同，苦茶油是是由苦茶樹種子榨取而來，有「東方橄欖油」之稱，較好的苦茶油偏黃綠色，富含單元不飽和脂肪酸，能預防皮膚損傷和衰老，使皮膚具有光澤。

07 純水

指純粹以H2O組成、沒有雜質的水。可用市售礦泉水，或家中有裝有淨水器、可濾出小分子水即可。

08 小麥胚芽油

取自小麥胚芽，呈橘褐色，氣味濃稠，富含豐富維他命E，是天然抗氧化劑。可軟化肌膚、促進細胞再生，有助撫平疤痕、防止皺紋及妊娠紋產生，特別適用於熟齡肌膚。

09 植物性甘油

存在於植物性油脂中，經由醣類發酵或脂肪水解製得，可加強皮膚的保護層，並且具有很好的保濕作用。

10 天然鹽

海水經日曬結晶而成，顆粒較粗，內含鈉及微量的碘、錳、鋅、鉀等礦物質，可促進排出細胞內的老化物質，但用於身上時，請選擇顆粒較細緻者，以免摩擦受傷。

11 玫瑰鹽

主要產於喜馬拉雅山及安地斯山，因為含有豐富的天然鐵質，故呈粉紅色，可使用在泡澡、沐浴、食用等各方面。

12 天然核桃顆粒

富含天然油脂，具深層清潔、去角質、軟性換膚等功能，顆粒直徑約0.2-0.4mm，多用於臉部或身體去角質霜內。

13 綠礦泥面膜粉

綠礦泥富含礦物質，具有去角質和深層清潔的功能，適合油性肌膚使用，最常用於做面膜。

14 高嶺土面膜粉

高嶺土是白色的黏土，質地中性、觸感溫和又吸附性強，成為美容與藥妝界最常用的泥漿。乾燥粉末常用來做為面膜粉，會與其他的面膜粉調和，做為面膜的基底粉。

15 玫瑰土面膜粉

玫瑰土藏有天然礦物元素，是粉紅色的粉末，性質溫和，適合中性及乾性皮膚使用，有促進皮膚循環的功能，還可淡化疤痕，使肌膚明亮。

16 凡士林

一種石化製膠狀物，是從石油提煉出來的副產品，即礦脂(petrolatum)。由於封閉性高，所以極為防水，只要適時、適當、適量的使用，對於皮膚的安全性及保濕修護性都相當好，也可用於直接塗抹皮膚，保溼效果佳。

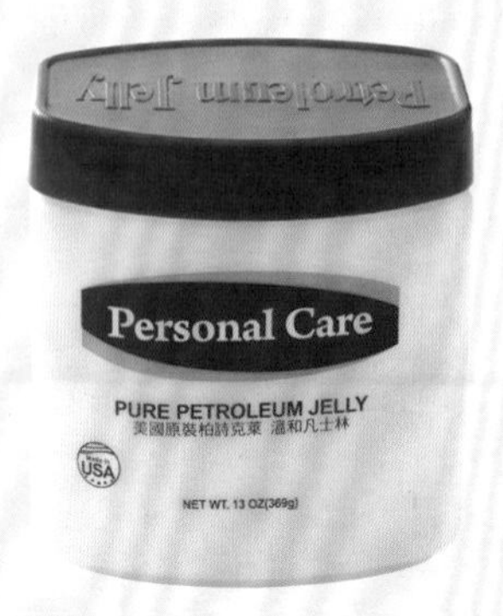

17 透明乳化劑

用於製作卸妝油使用，直接加入油中即可調出卸妝油。水溶性及油溶性皆佳，使用時，在掌心與水混合後，輕輕搓揉即有良好的乳化效果，無須添加太多，以免傷害皮膚。

18 簡易乳化劑

常用於製作乳液與乳霜，目的是促使油水相容。不必加熱，即可直接添加在水與油中。市售品有再細分為清爽型與滋潤型者，可依皮膚狀況購買。

19 椰子油增稠劑

配合起泡劑使用，可增加產品的濃稠度，多應用在清潔用品製作上。

20 氨基酸起泡劑

一種天然的植物性起泡劑，由蔗糖提煉而成，較溫和，泡沫也較細緻，但價格較高。適合敏感型膚質使用，有鉀型和鈉型兩種，鉀型保濕度較佳。

21 弱酸性起泡劑

最常用的起泡劑，淡黃色液體，呈弱酸性。具良好的清潔起泡力，多用於洗髮精和化妝保養品中，適合出油、長痘痘的皮膚。

22 兩性界面活性劑

凡含有油脂與水分的化妝保養品，都需要藉著適當的界面活性劑，來使油和水「乳化」，兩性界面活性劑是界面活性劑中較為質地溫和不刺激的。

23 皂基

是指將製皂過程中最難部分先完成的一種半成品，使用時，只需隔水加熱、滴入精油、入模及乾燥後，再取出即可。常見的種類有無患子皂基、橄欖油皂基、葡萄籽油皂基。

24 眼膜紙

一般多為純天然植物纖維製，使用時連同精華液敷在眼睛四周，目的在於幫助肌膚吸收液狀或膠狀保養品。

25 乳油木果脂

從乳油木果仁提煉出來的油脂，具有抗炎、修護、促進肌膚癒合的功效，並可吸收紫外線，是一種天然的防曬品。

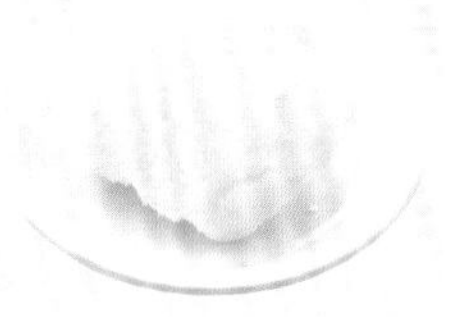

26 食用色素

用於肥皂染色，雖然也可採用非食用色素，但還是建議使用食用色素，因為對人體產生的刺激性較小。

27 蜂蠟

一種由工蜂腹部的蠟腺所分泌的脂肪性物質，具有舒緩、柔軟、保持肌膚水潤等功能，用途廣泛，是現代工業中應用最廣的動物性蠟質，常見用於化妝保養品、藥品等。

28 高分子聚合膠

是一種介於固體和液體之間的混合物，具有易於變形、含有大量溶劑之特點，用於保養品時，多用來製做精華液、面膜。

29 酒精

酒精的目的是將皂液倒入皂膜會產生小氣泡，酒精可將小氣泡打破後酒精就會揮發，可避免小氣泡產生。95%酒精或是75%的酒精都可以拿來使用。

30 Tween#20乳化劑

一種較親水的乳化劑，易溶解、不黏膩、無沉澱物，有助溶解彩妝及毛孔內污垢，大多用在清爽型的產品。

31 紗布

指一般用於醫療、包紮用的消毒紗布。尺寸很多，一般使用為4x4或3x3英吋。

32 貼布

具有黏性的布織布材質，用來將塗有自製精油藥膏之紗布固定於身體部位。

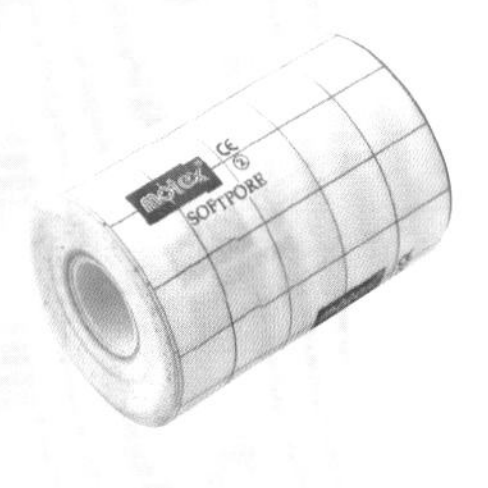

33 夾鍊袋

塑膠袋的一種，有各種規格。開口處以兩條塑膠條接合，可使袋口完全密合，用於保存物品。

【工具材料選購參考資訊】

1. 龍洋容器（瓶瓶罐罐）▶ http://www.lybottle.com.tw
2. 于正膠業 ▶ http://hipage.hinet.net/75jarjar
3. 青山儀器 ▶ http://bottles.com.tw/index.php
4. 維爾康天然小舖 ▶ http://www.wecaretw.com
5. 第一化工 ▶ http://www.firstchem.com.tw
6. 倍優化工 ▶ http://www.biochem.tw
7. 糖亞手工皂概念館 ▶ http://shop.tonyashop.com.tw
8. lph手工皂房子 ▶ http://soaptw.com

正確掌握相關知識，使用精油超放心

16大觀念問題，建構你對精油的全盤了解

Q1 精油是什麼？

A： 許多植物本身具有油囊，而「精油」是從植物油囊萃取出來的一種液體物質，具有氣味芬芳、濃度強烈、揮發性高所以香味不持久、可被稀釋等特性，但它並不油膩，質感反倒有些澀澀的，在遇熱或是日光照射時，很容易氧化。也因為精油中具有當複雜的成分，所以大多具有抗菌抗敏、安撫情緒、緩和緊張、舒緩病症的作用。

玫瑰天竺葵

Q2 精油是怎麼來的？

A：「精油」是從植物的不同部位，包括根、莖、樹皮、枝幹、葉、花朵、果皮及果實之中採集而來，主要經過「摘採、洗淨、萃取、成品」等程序，但不是每種精油都需歷經這些過程；有些則是還需要額外進行「發酵」的作業。

在「萃取」階段，又有「蒸餾法」、「溶劑萃取法」、「冷壓榨法」、「脂吸法」……等不同方式，其中，「蒸餾法」中的「水蒸氣蒸餾法」是最早被用來製造精油，也是最普遍常見的一種，而且，有些萃取方法的後製程序，也需要用到「蒸餾法」以取得精油。大致說來，**多數精油來自用「蒸餾法」萃取；至於果實類的精油則多由「壓榨法」取得；至於蒸餾來的精油會有副產物，就是所謂的「純露」。**

甜橙

薄荷

【精油的4大萃取法】

	精油萃取法	萃取過程概述
01	水蒸氣蒸餾法	❶將要用來製造精油的植物部位洗淨晾乾，並放進蒸餾器中。 ❷蒸餾器中加水，底部以火加熱。 ❸植物受熱後，會蒸發出水氣與油氣向上散發，並且穿過頂端出口、抵達冷卻槽，形成精油濃縮液。 ❹經冷卻，精油濃縮液中的油分離、漂浮於水面，經過收集與隔離後，再經簡易加工、製作成罐，即完成精油成品。
02	溶劑萃取法	❶將植物部位（通常是花朵）與揮發性溶劑加以融合、浸泡，再將混合溶液放進特製容器中。 ❷採取電熱方式，以溫火慢慢加熱，待石油精揮發後，可取得一定分量的芬芳物質混合液——這就是植物精油的最原始狀態。 ❸將混合液加以過濾，會再生成一種稠狀物。 ❹在稠狀物中倒入酒精，並以同方向慢慢攪拌，使充分融合。 ❺待稠狀物溶解至酒精中並冷卻後，再經一次過濾，讓酒精蒸發，所餘物質就是萃取後所得的精油。
03	冷壓榨法	❶將植物的果實或果皮部位，以人工或機器加以壓擠或磨碎。 ❷再收集植物破損細胞流出的油脂和果汁。 ❸從海綿中分離出精油即可。
04	脂吸法	❶在以木框鑲嵌的玻璃板上塗一層脂肪（多為豬油或牛油）。 ❷把採集來的植物花朵鋪灑在這層脂肪上。 ❸靜置幾天，讓花瓣中的精油被脂肪吸收。 ❹將木框反置，讓花朵自行掉落，再翻過來，鋪上新的花朵。 ❺重複更新花朵的步驟，直到脂肪吸滿精油為止，再除去當中的雜質，取得香脂。 ❻在香脂中加入酒精，劇烈搖晃24小時，讓脂肪和精油分離。 ❼再經過濾及蒸發，即完成精油萃取。

Q7 為什麼精油不可以直接抹在皮膚上？

A：**因為精油濃度極高，容易造成過度刺激，引發皮膚敏感，甚至灼傷皮膚**，所以，使用前必須加以稀釋。而最常使用的方法，就是加入植物性緩衝物質，例如基底油（荷荷芭油、小麥胚芽油、甜杏仁油等）、乳液、乳霜、洗髮精、水、凝膠等，藉以降低引發敏感物質的濃度。但是，萬一不小心讓純精油接觸到皮膚，那就要立即用大量清水進行沖洗，並塗抹一層基底油以保護肌膚，如果紅腫疼痛的現象並未減輕，就需立刻送醫。

Q8 平常使用一般保養品就容易出現過敏現象的人，可以用精油保養品嗎？

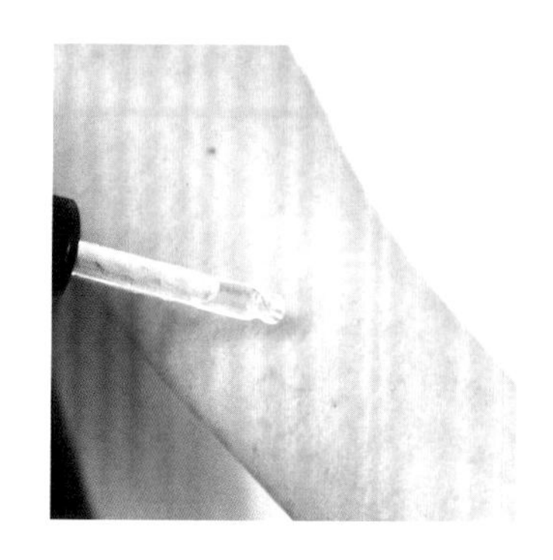

A：對保養品過敏的人，不見得是對精油過敏，**通常會引發過敏，都是保養品裡的香精、防腐劑或是其他物質所致**，所以，如果想要知道對精油會不會過敏，可將稀釋過的精油抹在手腕內側進行測試，而且應該要多試幾次。我的經驗是，濃度在3%以下的精油，應試抹三天；3%以上者，應試抹一週，因為高濃度不見得會馬上出現過敏現象，有時要數天後才會發生，還是謹慎為佳。

Q9 如何選購精油？標示上寫「Essential Oil」跟「Essence」是一樣意思嗎？

A：購買精油前，請務必區分產品差別，市面上常見的所謂「精油商品」良莠不齊，可參照本書「購買精油入門須知」單元(P28～31)，從**「品牌」、「純度」、「香氣」、「價格」、「產地」、「標示」、「通路」**等七個關鍵進行相關評估。

至於**純精油的正確英文翻譯名稱，應是「Essential Oil」，而「Essence」則為「精質」，指的是從植物體提煉出來、但尚未經過蒸餾程序的物質**，嚴格說起來，還不能算是「精油」。此外，比較容易混淆的名詞還包括「Essence Oil」（精華油）、「Perfume Oil」（香水油）、「Fragrance Oil」（香味油），都不是百分之百的純天然植物油；「Aromatherapy Oil」（芳療油），則多為摻合油或合成油；另外還有「Environmental Oil」（環境油）及「Fragrant Oil」（香精油），其主要成分為香精，精油含量只有2%～3%，所以通常很香但沒有療效。在此一併提出來，以供大家參考。

另外，選購前，請注意標籤上的標示，比較常見的名詞說明如下：

- **100% pure Essential Oil**：即是純精油。
- **芳香療法專用油**：通常是2～3%的精油混入基底油調製而成的按摩用油(Aromatherapy oil)，由於經過稀釋，所以不適合用來泡澡或薰香，因為濃度太淡，如經高溫加熱易使基底油變質。
- **植物萃取物**：不等於植物精油。因為有些只是靠生物科技或其他方式萃取出植物裡的某些有效成分，與從植物油囊裡完整被萃取出來的精油有很大差別。

Q10 什麼是「有機精油」？

A：「有機精油」通常是指**以「有機方式進行植物栽種」，再以「不污染及不破壞生態環境之方式加以萃取」的精油**，例如栽植過程無污染或公害、不使用化學肥料或殺蟲劑、土地耕種後需自然休耕一段時間等，而在提煉過程中，也必須做到無添加化學藥劑、不進行人工催化等。可以說，**「有機精油」是一種選擇**，因為有些精油原本就萃取自野生植物及具有防蟲害及抗感染功能的樹木(如乳香、絲柏)，也有某些栽植芳香植物的國家原本就不太使用化學肥料及殺蟲劑，所以也無所謂「不有機」的問題。

 ecocert歐盟有機認證標章	 歐盟EU有機農產標章	 芬蘭Luomu有機認證標章	 奧地利有機認証標章
 德國BCS有機認證標章	德國Bio-Siegel標章	 荷蘭官方有機認證標章	 英國有機認證標章
 加拿大COR有機認證標章	 美國OCIA有機認證標章	 美國CCOF有機認證標章	 美國QAI有機認證
 USDA美國有機農產品標章	 巴西IBD有機認證標章	 日本JAS有機認證	 ACO澳洲有機認證標章

大體而言，與一般精油相較，「有機精油」較具天然營養成分，目前國內外都有專門進行認證的單位，而經過認證的產品，也多會在包裝上進行相關標示，但必須了解的是，**目前精油本身並無認證機制，包裝上的有機認證指的是「有機植物栽種」的認證**，而且各國家都有其標章，購買時可多加注意辨識。

Q11 是否可以購買一般保養品，再自行滴入精油，就成為有療效的精油保養品？

A：基本上並不建議，因為市售保養品當中已添加香精及其他物質，有些為了讓香味持久，還會加入「定香劑」之類化合物，若再額外加入精油，無法確定在「那樣的環境中」會不會與裡面的其他物質發生不良反應，而且香味也容易混淆，即便療效尚存，也不肯定還能發揮多少功效。

Q12 自己動手做的精油保養品，跟一般市售保養品的主要差別在哪裡？

A：**一是「量身訂做」**，可針對每個人膚質狀況的特殊性，選用療效適合的精油來調配專屬保養品，以便對症下藥，讓保養到位。**二是「天然溫和」**，不需考慮產品賣相或保存期限等販售問題，而加入非必要之化學成分，造成肌膚多餘負擔。**三是「經濟實惠」**，所需花費完全反映材料成本，沒有包裝、行銷、廣告、通路……等支出，完成品僅約市售價格的三分之一。

Q13 製作不同種類的保養品時，所要滴入的精油分量是如何計算出來的？

A：不同的保養品，例如化妝水、乳霜、按摩油……等等，其成分中「精油所占的比例濃度」也不相同，（請參考本書「用精油做的保養品」單元，P12～15），但不管一款保養品當中會使用到幾種精油，如果要換算成應該加入的精油總滴數，可用下面這個簡單公式推估：

保養品ml數 × 濃度(%) × 20 = 加入精油總滴數

舉例來說，如果想調一瓶30ml的身體按摩油，又翻查P13得知精油應占濃度為3%，則計算式為：

30×3%×20=18 → 亦即總共需加入18滴精油。

如果這款身體按摩油中僅使用到一種精油，那麼，就是這種精油需加入18滴；若多於一種精油，則這18滴精油可平均分配，或依個人喜好來決定各精油滴數；經驗累積愈多，也愈能掌握精油調出來的香味。**當你已經熟悉調製精油保養品的技巧，也可改變本書所列的精油配方比例，但調整幅度應以固定精油濃度為前提，再將配方中的各項成分適度增減1～3%**，如此便能做出既符合自己想法、又不失好用原則的精油保養品。

Q14 使用或調製精油產品時，需注意精油有沒有互相排斥的問題嗎？

A：許多人不太敢調製精油是擔心精油與精油會不會互相衝突，答案是「不會」，原因是精油由許多化學分子組成，精油相混會重新將化學分子組合，但不會像食物成分那樣產生排斥。精油分為「單方精油」與「複方精油」，**單方精油指的是單一種植物的精油，複方精油指的是兩種或兩種以上的精油調合在一起**，有研究發現，精油與精油結合會有「加成」的效果，所以不用擔心混在一起會有不良影響，調的時候濃度正確才是最重要的。

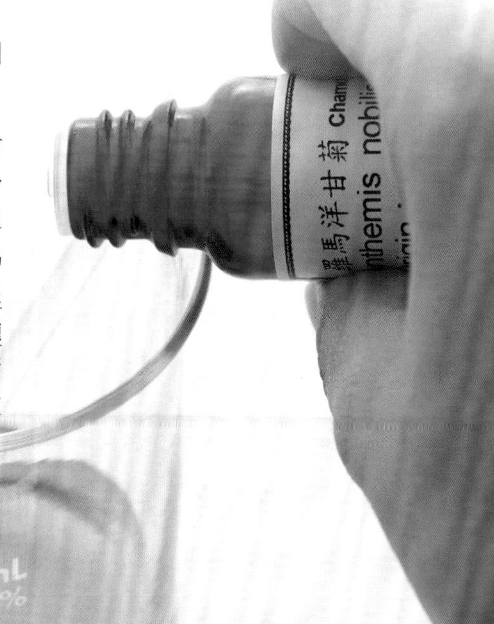

Q15 精油及用精油 DIY 做的保養品該如何保存？期限多長？

A：精油具有揮發性，所以需放在室內陽光不會直射到的地方，而且還要注意避免溫差過大的問題，所以最好是放在木製的櫃子或抽屜裡，因為木頭可以維持較好的溫度與濕度。市面上也有販售專門存放精油的木盒，內部還會分格，方便分類保存。但**不建議把精油放在冰箱裡，除非原本購買的就是超過100ml的大包裝精油，可以分次取用，不然，經常要拿出來用再放回去，溫差反而更大，不利保存。**另外，若要外出攜帶，為避免過重，只要放置在能夠避光的盒子、布包或其他材質容器皆可。

在保存期限方面，**只要若存放得當，未開封的精油大概都有一到兩年的保存期，已開封者，也可存放半年至一年**，例如柑橘類精油在開封後6～9個月內品質即會開始變化；但也有少數精油如廣霍香、檀香、乳香等，反而會隨時間而越陳越香。

至於用精油自製的保養品，雖然通常不會去加抗菌劑，但因為精油本身大都具有抗菌效果，所以只要做好後放在陰涼處，並在天氣太熱時將保養品放入冰箱裡以免變質，一般來說，多半可以維持在一週到三個月內，需視加入的基底油及添加物而定，而自製保養品時，盛裝保養品的器皿乾淨與否，也是保養品變質與否的重要因素。

【保養品的容器要清潔或消毒】

容器的消毒是很重要的，可洗淨後用烘碗機（或紫外線烘碗機）烘乾消毒，若家裡沒有烘碗機，可用酒精清潔消毒。

左圖：用酒精棉片消毒乳霜盒。

右圖：用攪拌棒將酒精棉片放入壓頭／噴頭瓶中消毒。

Q16 長期使用同一種精油或精油保養品，會不會減低精油的功效？

A：如果沒有過量使用的問題，其實長期使用同一種精油並不會造成效果減低，只是因為精油具有調節平衡、改善症狀的功效，所以往往當我們身心病狀得到調理之後，就會覺得效果好像減弱，其實是精油已經悄悄的將身體加以調整了，就像高血壓患者剛開始服用高血壓藥物時，會發現血壓一下就下降了，但等到血壓降至正常範圍，就不會再往下，但這並不是因為藥物沒有作用，而是藥物本身具有維持血壓在正常範圍的效果。

不過，**由於不同的配方能給予身體不同的感受，並可調節身心更多不同的層面，所以，我建議最好至少每三個月要換一次精油配方或更動配方比例**，如此輪換著使用更能達到中和效用，也讓自己能學會多元應用精油的技巧。

清潔是一切保養的打底工夫，
不只是化妝的人才需要卸妝，
每天空氣中的污垢也需要徹底洗淨，
才能讓毛細孔順暢呼吸，
還我潔淨臉龐。

PART 2

自己做！超乾淨的【臉部清潔用品】42款

——卸妝・潔顏・去角質，讓毛孔重新呼吸！

溫和去除髒污，還原純淨臉龐

001 羅馬洋甘菊抗敏卸妝油

羅馬洋甘菊帶有青蘋果般的香氣，而且含有抗過敏成分，拿它來做卸妝油，不僅清新宜人、能有效舒緩疲勞，對於敏感肌膚者來說，更是超好用的卸妝聖品！

【工具】

250ml燒杯　1個
攪拌棒　1支
100ml避光壓頭瓶　1個

【材料】

葵花籽油　80ml
橄欖油　15ml
羅馬洋甘菊精油　13滴
薰衣草精油　7滴
透明乳化劑　少許（約5～10ml）

【作法】

1
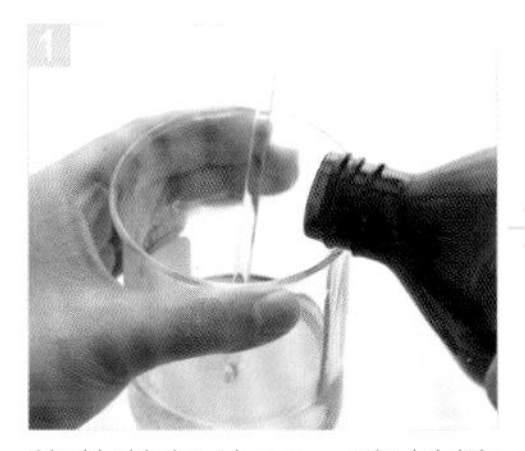
將葵花籽油80ml與橄欖油15ml倒入燒杯中。

2

再滴入13滴羅馬洋甘菊精油及7滴薰衣草精油。

3
並將適量的透明乳化劑倒入燒杯。

4
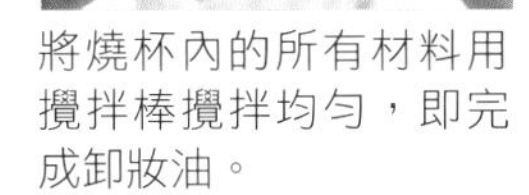
將燒杯內的所有材料用攪拌棒攪拌均勻，即完成卸妝油。

5

將調好的卸妝油裝入避光壓頭瓶。

6

蓋上瓶蓋拴緊，以「前後搓滾」的方式將卸妝油搖均勻；但不要上下晃動瓶身，以免破壞精油的分子能量。

【延伸應用】

葡萄籽清爽卸妝油
原本配方中的葵花籽油，也可以用葡萄籽油取代，兩者一樣清爽。

荷荷芭油卸妝油
如果想要延長卸妝油的保存期，可將橄欖油換成荷荷芭油，保存效果較佳，且質地較清爽。

花梨木殺菌卸妝油
若想提升卸妝油殺菌、抗過敏的功效，可將原本的薰衣草精油換成花梨木精油。

乳香精油卸妝油
若將薰衣草精油換成較具滋潤性的乳香精油，則有助改善老化現象，適合熟齡肌膚使用。

Memo

適用膚質 中性、混合性、敏感性

保存期限 約30天

保存方法 需放置於陰涼處，並避免陽光直射。

使用方法
1. 壓出約50元硬幣大小的卸妝油量，置於掌心中搓揉使其均勻並加溫。
2. 用手按摩臉部，由下而上，持續約3～5分鐘。
3. 用面紙或化妝綿將臉部油脂及彩妝擦拭乾淨，再用洗面皂洗淨即可。

貼心提醒
1. 如果沒有透明乳化劑，也可以用Tween＃80乳化劑＋Span＃80乳化劑（各7ml）來取代，但要記得同時得將葵花籽油的用量降為70ml。
2. 切記，就算沒有化妝，也一定要做到卸妝的動作！因為空氣中含有大量污染物質，藉由卸妝可徹底清潔皮膚，讓皮膚恢復呼吸，保有美麗狀態。

潔淨毛細孔，徹底清除汙垢

006 玫瑰天竺葵深層卸妝油

玫瑰天竺葵精油具有調理油脂的功效，並可抗發炎、促進傷口結疤；加入卸妝油中，不但能有效清潔被阻塞的毛孔，還能達到緊緻肌膚的效果，加上帶有淡淡的青草味與玫瑰的香味，在卸妝的同時，還能安定、提振情緒喔！

【工具】

200ml燒杯	1個
攪拌棒	1支
100ml避光壓頭瓶	1個

【材料】

葵花籽油	85ml
荷荷芭油（液態蠟）	10ml
玫瑰天竺葵精油	12滴
薰衣草精油	8滴
透明乳化劑	少許（約5～10ml）

【作法】

1 將葵花籽油85ml與荷荷芭油10ml置於燒杯中。

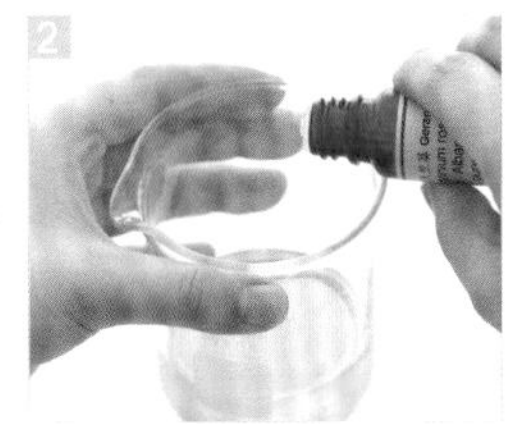

2 滴入玫瑰天竺葵精油12滴、薰衣草精油8滴。

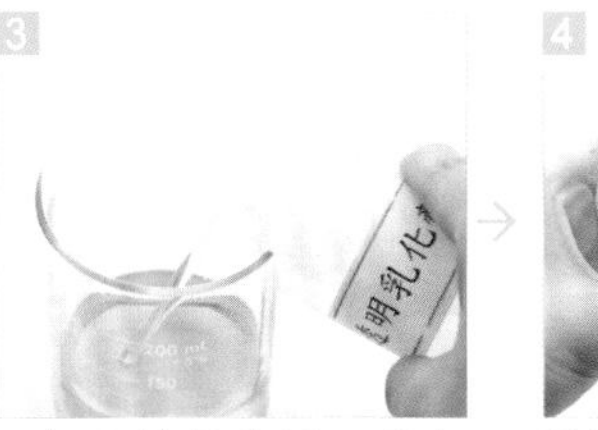

3 再加入適量的透明乳化劑於燒杯中。

4 將燒杯內的所有材料攪拌均勻即完成卸妝油。

5 將調好的卸妝油裝入避光壓頭瓶。

6 蓋上瓶蓋拴緊，以「前後搓滾」的方式將卸妝油搖均勻；但不要上下晃動瓶身，以免破壞精油的分子能量。

【延伸應用】

葡萄籽油卸妝油

原本配方中的葵花籽油，也可以用葡萄籽油取代，兩者一樣清爽。

花梨木精油卸妝油

若將原配方中的薰衣草精油換成花梨木精油，可使卸妝油具有調理粉刺的功效。

玫瑰草精油卸妝油

若無薰衣草精油，也可用玫瑰草精油取代，兩者同樣具有保濕效果，且可促進細胞新生。

檸檬精油卸妝油

若將薰衣草精油換成檸檬精油，則可增加卸妝油的美白效果。

Memo

適用膚質 中性、乾性、混合性

保存期限 約90天

保存方法 放置在避免陽光直射的陰涼處。

使用方法
1. 壓出約50元硬幣大小的卸妝油量，置於掌心中搓揉使其均勻並加溫。
2. 用手按摩全臉，由下而上持續約3～5分鐘。
3. 用面紙或化妝綿將臉部油脂及彩妝擦拭乾淨後，再用洗面皂洗淨。

貼心提醒
1. 如果皮膚還是覺得太乾，可將荷荷芭油調高為55ml、並將葵花籽油改為45 ml。
2. 如果沒有透明乳化劑，也可以用Tween＃80乳化劑（約9ml）＋Span＃80乳化劑（約5ml）來取代，但記得要將配方中的葵花籽油用量降為66ml。

清爽無負擔，不再泛油光

011 茶樹控油卸妝凝露

天然茶樹精油的殺菌消炎效果，強過一般化學消炎劑且無抗藥性，並因具有收斂性，所以常被用於調理毛孔粗大、油脂分泌旺盛的皮膚。把它加在質地清爽的凝膠當中，不但大大提升卸妝時的舒適感，還能充分達到抑制油光、收斂毛孔的目的，一舉數得。

【工具】

挖棒	1支
250ml燒杯	1個
電子秤	1個
100ml量杯	1個
攪拌棒	1支
100ml避光壓頭瓶	1個

【材料】

高分子聚合膠（凝膠）	10g
純水	75ml
氨基酸起泡劑	10ml
Tween#20乳化劑	5ml
茶樹精油	4滴
薰衣草精油	3滴
檸檬精油	1滴

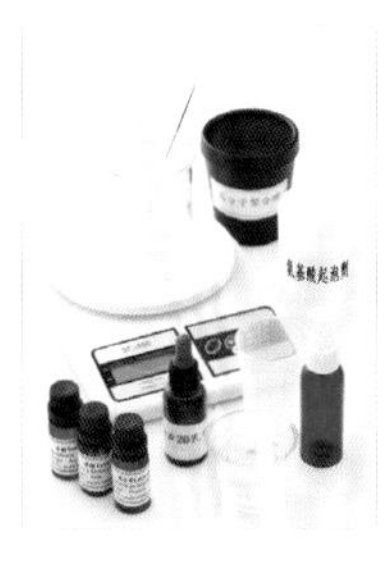

【作法】

1 用挖棒挖取高分子聚合凝膠，置入燒杯後，放在電子秤上，量出所需的10g份量。

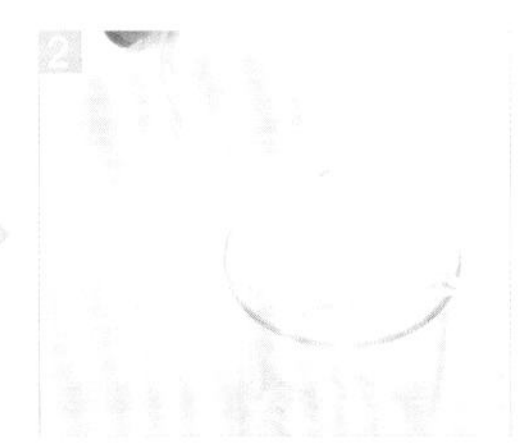

2 以量杯量取75ml的純水，然後分次慢慢倒入燒杯中，不要猛力一次倒完。

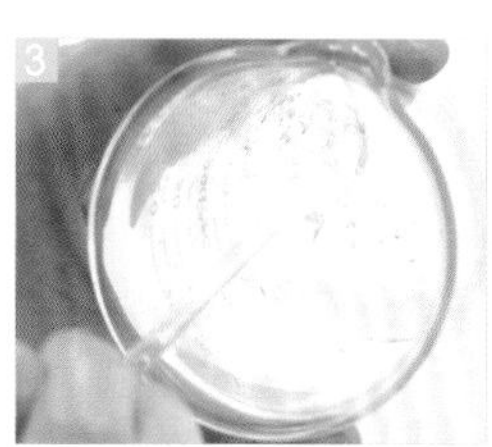

3 將燒杯中的凝膠與純水加以攪拌融合。

4 再加入氨基酸起泡劑及Tween#20乳化劑，並攪拌均勻。

5 最後加入茶樹精油、薰衣草精油及檸檬精油，攪拌均勻，即完成卸妝凝露。

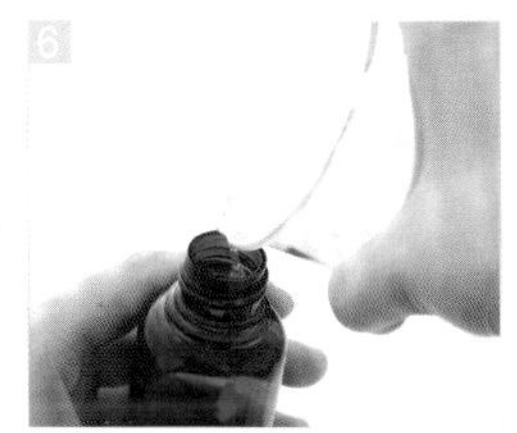

6 將完成後的凝露倒入避光瓶中保存。

【延伸應用】

大西洋雪松精油卸妝凝露

除採用茶樹精油，也可以大西洋雪松精油取代，兩種同樣深具鎮靜、殺菌功效，並能控制皮脂分泌、達到軟化、舒緩肌膚的目的，十分適合調理油性痘痘肌。

苦橙葉精油卸妝凝露

若喜歡穩重平和的香味，可將薰衣草精油換成苦橙葉精油，除了氣味清新，而且含有可刺激代謝的成分，有助於皮膚油脂的分解及排出，並具抗氧化的效果。

佛手柑精油卸妝凝露

粉刺或痤瘡嚴重者，可用佛手柑精油替代檸檬精油，因為具有極佳的消炎、收斂效果，可調理油脂，並有助暗瘡傷口的癒合。

Memo

適用膚質 中性、油性、混合性

保存期限 約30天

保存方法 放置陰涼處，避免陽光直射。

使用方法
1. 壓出約50元硬幣大小的卸妝凝膠量置於掌心。
2. 雙手輕推卸妝凝膠按摩臉部，由下而上，持續約3～5分鐘。
3. 用面紙或化妝綿將臉部油脂及彩妝擦拭乾淨，再用洗面皂洗淨即可。

貼心提醒 凝膠類的卸妝品比卸妝油清爽，若膚質偏油，可挑選卸妝凝露。而茶樹的控油效果佳，更適合油性肌膚和夏天使用。

促進循環，淡化斑點

015 葡萄柚煥顏卸妝凝露

氣味清香的葡萄柚精油具有收斂、抗菌的功能，並可促進血液循環，對於改善面皰型肌膚、淡化傷後疤痕、減緩因肝機能不好所引起的皮膚斑點等問題，都有不錯的效果！

【工具】

挖棒	1支
250ml燒杯	1個
電子秤	1個
100ml量杯	1個
攪拌棒	1支
100ml避光壓頭瓶	1個

【材料】

高分子聚合膠（凝膠）	10g
純水	75ml
氨基酸起泡劑	10ml
Tween#20乳化劑	5ml
葡萄柚精油	4滴
薰衣草精油	3滴
羅馬洋甘菊精油	1滴

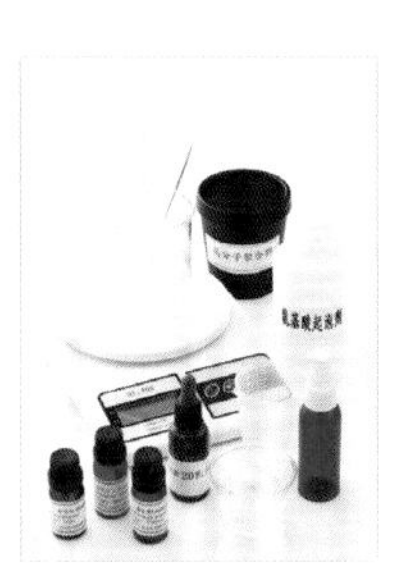

【作法】

用挖棒挖取高分子聚合凝膠，置入燒杯後，放在電子秤上，量出所需的10g份量。

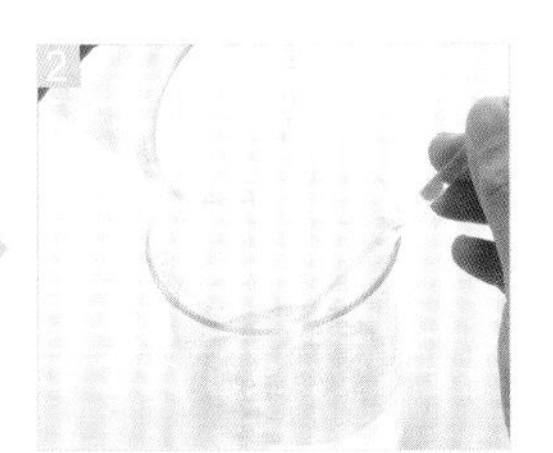

以量杯量取75ml的純水，然後分次慢慢倒入燒杯中，不要猛力一次倒完。

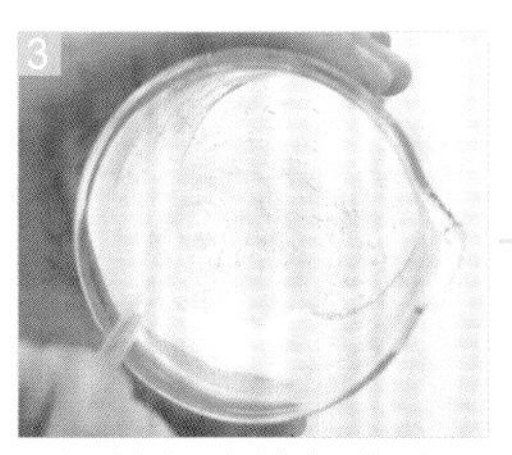

用攪拌棒將燒杯中的高分子凝膠與純水加以攪拌融合。

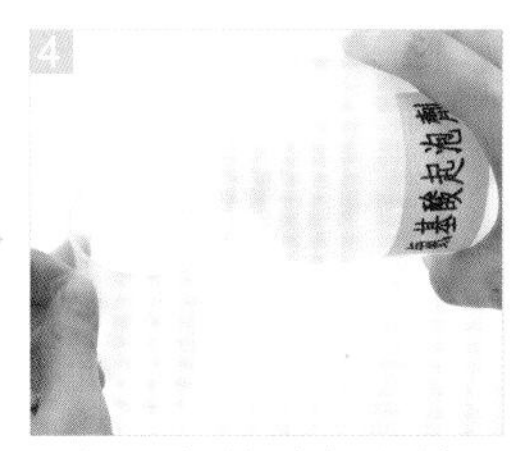

再加入氨基酸起泡劑及Tween#20乳化劑，並攪拌均匀。

最後加入葡萄柚精油、薰衣草精油及羅馬洋甘菊精油，攪拌均勻，即完成卸妝凝露。

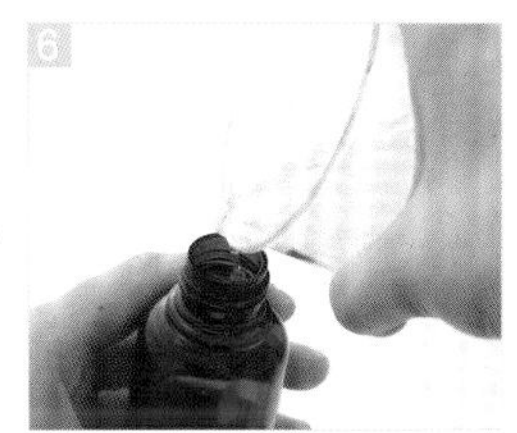

將完成後的凝露倒入避光瓶中保存。

【延伸應用】

016 花梨木精油卸妝凝露

針對較乾燥敏感的肌膚，可將配方中的葡萄柚精油換成花梨木精油，較具滋潤性，並可預防皺紋產生。

017 乳香精油卸妝凝露

若將葡萄柚精油換成乳香精油，除同樣具有抗菌收斂、癒傷去疤的效果，在皮膚美容保養的運用上，還具有消除細紋、使皮膚恢復年輕平滑光澤的功效，特別適用於熟齡肌膚。

018 玫瑰草精油卸妝凝露

如想加強保濕，可將羅馬洋甘菊精油換成玫瑰草精油，不但能平衡皮脂分泌，而且還能在肌膚表面形成天然保水膜，對「外油內乾」的膚質特別有效。

Memo

適用膚質 中性、油性、混合性

保存期限 約30天

保存方法 放置陰涼處，避免陽光直射。

使用方法
1. 壓出約50元硬幣大小的卸妝凝膠量置於掌心。
2. 雙手輕推卸妝凝膠按摩臉部，由下而上，持續約3～5分鐘。
3. 用面紙或化妝綿將臉部油脂及彩妝擦拭乾淨，再用洗面皂洗淨即可。

貼心提醒 凝膠類的卸妝品比卸妝油清爽，若膚質偏油，可挑選卸妝凝露。或者，也可依季節及化妝的濃淡進行更換：夏天使用卸妝凝膠，冬天使用卸妝油；淡妝用凝露卸，濃妝則用卸妝油。

收斂加美白，打造零毛孔的臉蛋

019 檸檬緊緻潔顏慕絲

檸檬精油具有很好的收斂性，能幫助減少皮脂分泌、縮小毛孔，且具有很好的美白作用，則有助斑點淡化、明亮膚色，加上極佳的殺菌效果，可說是潔淨肌膚的好幫手！

【工具】

100ml量杯	1個
250ml燒杯	1個
攪拌棒	1支
100ml慕絲空瓶	1個

【材料】

氨基酸起泡劑	20ml
荷荷芭油（液態蠟）	20ml
葡萄籽油	20ml
純水	40ml
檸檬精油	8滴
薰衣草精油	7滴
羅馬洋甘菊精油	5滴

【作法】

1

用量杯量取荷荷芭油20ml，倒入燒杯中。

2

再量取葡萄籽油20ml，倒入燒杯。

3

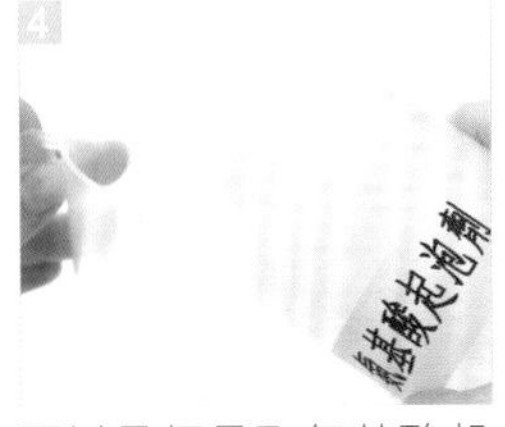

加入檸檬精油8滴、薰衣草精油7滴、羅馬洋甘菊精油5滴，以攪拌棒攪拌均勻。

4

再以量杯量取氨基酸起泡劑20ml，並倒入燒杯、進行攪拌。

5

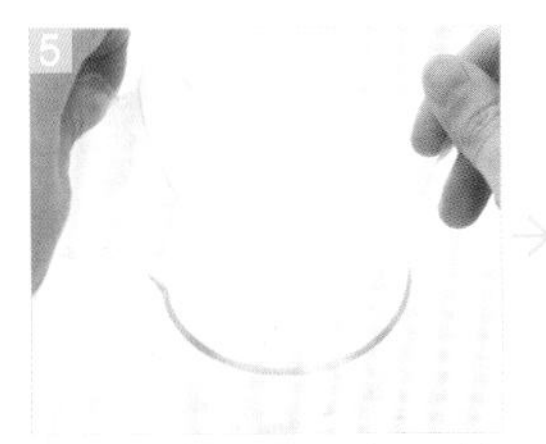

量取純水40ml，加入燒杯後，攪拌均勻，即完成潔顏慕絲。

6

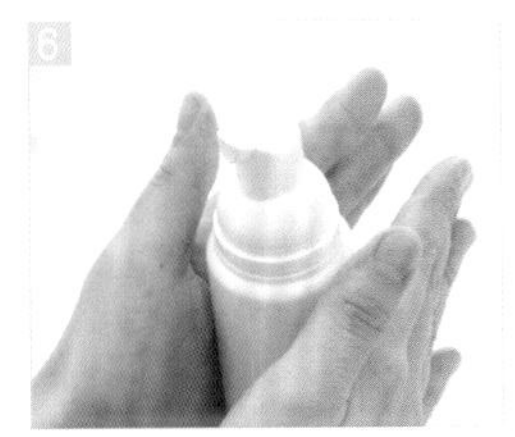

將成品倒入慕絲瓶，蓋緊瓶蓋後，以雙手前後滾動的方式搖滾瓶身，使裝填均勻。

【延伸應用】

花梨木精油潔顏慕絲

針對過敏性肌膚，可將配方中的檸檬精油換成花梨木精油，較具鎮靜作用。

玫瑰草精油潔顏慕絲

針對乾燥型肌膚，可將薰衣草精油換成玫瑰草精油，除保濕性較佳，並可增加皮膚彈性。

乳香精油潔顏慕絲

針對熟齡肌膚，可將羅馬洋甘菊精油換成乳香精油以提升滋潤度，並有助撫平細紋。

Memo

適用膚質 中性、油性、混合性

保存期限 30天

保存方法 需放置於陰涼處，並且避免被陽光直射。

使用方法
1. 以水濕潤臉部。
2. 將潔顏慕絲擠出約乒乓球大小的份量。
3. 雙手搓揉後均勻推開、按摩全臉。
4. 以水洗淨泡沫。

貼心提醒
1. 使用前稍微搖晃慕絲瓶，比較容易擠出泡沫。
2. 有些人的皮膚對起泡劑較敏感，所以使用慕絲會有刺痛感，則建議改用洗面皂。

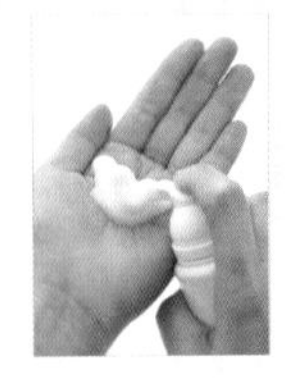

揮別油光，告別痘痘

023 葡萄柚控油潔顏慕絲

你有長痘痘的困擾嗎？請注意，過度清潔反而會使得皮膚愈來愈油、痘痘愈長愈多！這款潔顏慕絲加入具有控油效果的葡萄柚精油，讓你在洗臉的同時，還能溫和調節皮脂，從此告別「煎蛋臉」喔！

【工具】

100ml量杯	1個
250ml燒杯	1個
攪拌棒	1支
100ml慕絲空瓶	1個

【材料】

荷荷芭油（液態蠟）	20ml
葡萄柚精油	8滴
薰衣草精油	7滴
迷迭香精油	5滴
弱酸性起泡劑	40ml
純水	40ml

【作法】

1 以量杯量取荷荷芭油20ml，倒入燒杯中。

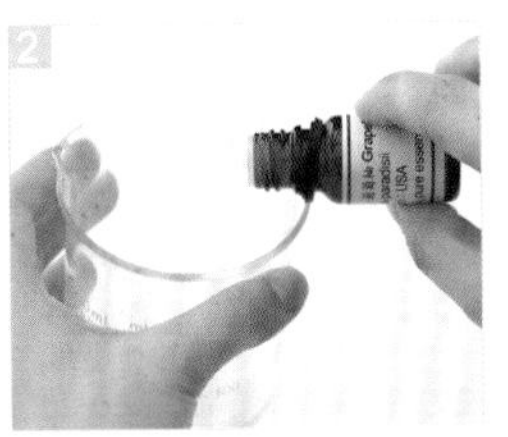

2 在燒杯中滴入葡萄柚精油8滴、薰衣草精油7滴、迷迭香精油5滴，並以攪拌棒攪拌。

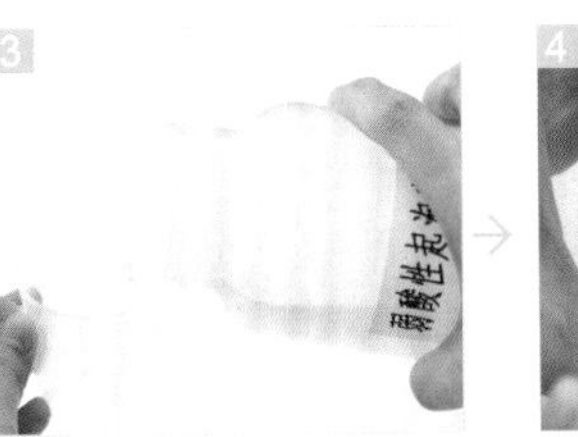

3 以量杯量取弱酸性起泡劑40ml，倒入燒杯，並均勻攪拌。

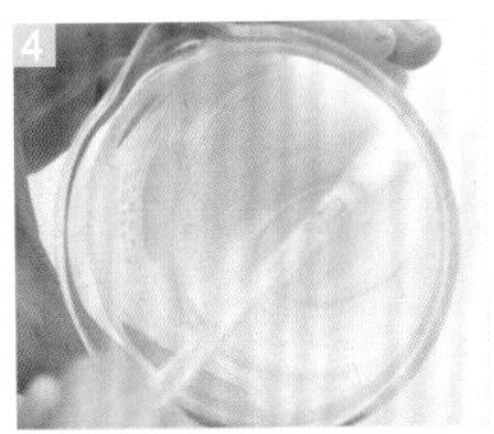

4 再量取純水40ml，倒入燒杯並攪拌均勻，即完成潔顏慕絲。

5 將成品倒入慕絲瓶中，蓋緊瓶蓋後，以雙手前後滾動的方式搖滾瓶身，使裝填均勻。

【延伸應用】

茶樹精油潔顏慕絲

如果喜歡不同調性的香味，可以將配方中的葡萄柚精油換成茶樹精油，一樣具有調理痘痘的效果。

檸檬精油潔顏慕絲

將配方中的迷迭香精油換成檸檬精油，可增強美白及去角質的功效。

苦橙葉精油潔顏慕絲

也可將迷迭香精油換成苦橙葉精油，能夠刺激代謝，有助皮脂分解，特別適用於粉刺型肌膚的人。

Memo

適用膚質 中性、油性、混合性

保存期限 30天

保存方法 放置於陰涼處並避免陽光直射。

使用方法
1. 以水濕潤臉部。
2. 將潔顏慕絲擠出乒乓球大小。
3. 雙手搓揉後均勻推開、按摩全臉。
4. 以水洗淨泡沫。

貼心提醒
1. 若肌膚偏油，千萬不要過度依賴吸油面紙，因為一但油被吸走，皮膚的保護機制就會啟動油脂自行分泌，反倒使油性肌膚愈來愈油。
2. 有些人的皮膚對起泡劑較敏感，所以使用慕絲會有刺痛感，則建議改用洗面皂。

溫和清潔，適度滋潤

027 薰衣草橄欖保濕洗面皂

橄欖油含有豐富的油酸和亞麻油酸，分子細膩，所以滋養性佳，保濕、修護的效果也很好。用橄欖油做的香皂來洗臉，肌膚會變得光滑柔嫩，對皮膚較細嫩的人、具有過敏性皮膚者，或是幼兒、年長者來說，都很適合。

【工具】

工具	數量	工具	數量
電子秤	1個	皂模	1個
砧板	1個	濃度75%酒精	1瓶
切刀	1把	包皂專用保鮮膜	1片
250ml燒杯	1個	剪刀（或刀片）	1把
金屬鍋	1個	膠帶	1捲
電磁爐（或瓦斯爐）	1個		
攪拌棒	1支		

【材料】

材料	份量
橄欖油皂基	50g
薰衣草精油	10滴
甜橙精油	5滴
玫瑰天竺葵精油	5滴
食用色素	少許

【作法】

1 用電子秤量取50g橄欖油皂基，放在砧板上，用刀切成小塊。

2 將皂基塊放入燒杯中，再把燒杯置於鍋中，隔水加熱使皂基成液態。

3 在皂基液中加入薰衣草精油10滴、甜橙精油及玫瑰天竺葵精油各5滴。

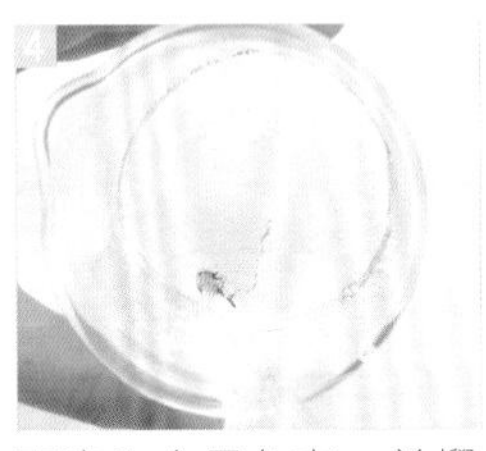

4 再滴入食用色素，並攪拌均勻。

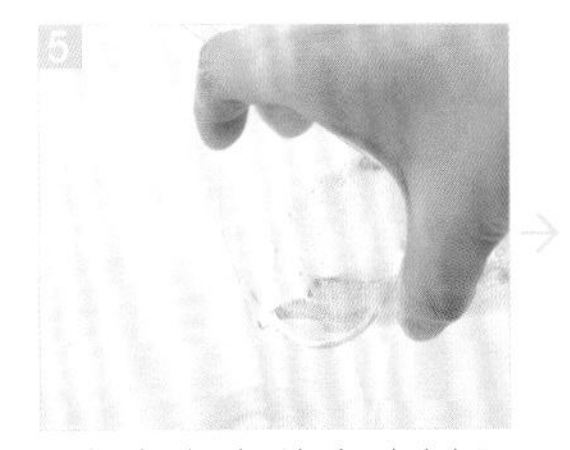

5 將調好顏色的皂液倒入皂模中。

6 入模時會產生氣泡，以濃度75%酒精噴於氣泡上，氣泡自然消失。

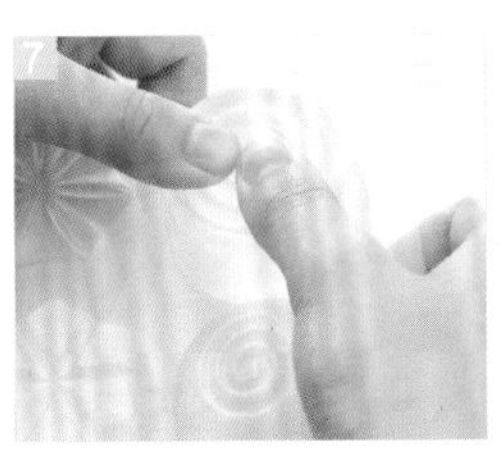

7 靜置至少2小時，等待皂液變乾、硬，便可進行脫模。

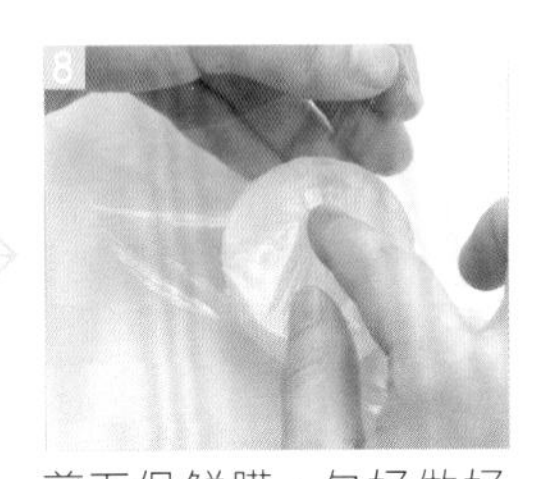

8 剪下保鮮膜，包好做好的肥皂，並用膠帶固定包裝。

【延伸應用】

花梨木精油洗面皂

將甜橙精油換成鎮靜舒緩效果佳的花梨木精油，可加強鎮靜敏感型肌膚。

佛手柑精油洗面皂

針對痘痘型肌膚，則可將甜橙精油置換成具抗菌效果、可促進傷口癒合的佛手柑精油。

依蘭依蘭精油洗面皂

若皮膚偏油，可將配方中的玫瑰天竺葵精油以依蘭依蘭精油取代，能夠調節皮脂分泌平衡。

Memo

適用膚質 中性、乾性、混合性、敏感性

保存期限 30天

保存方法 需放置於陰涼處，並避免被陽光直射。

使用方法
1. 肥皂加水，在掌中搓揉，使產生泡沫。
2. 以肥皂泡按摩臉部、進行清潔。
3. 再用清水沖淨。

貼心提醒 使用時若發現肥皂長出「小毛」，表示受潮，但不影響品質，仍可使用，茶樹無患子去油洗面皂亦同。

天然潔淨，殺菌消炎

031 茶樹無患子去油洗面皂

茶樹精油深具殺菌、消炎的效果，無患子則含有皂素，去油性佳，是天然的清潔劑，將這兩種成分加入洗面皂中，可有效幫助皮膚控油，再搭配薰衣草精油及檸檬精油，還能達到收斂及美白的功效！

【工具】

工具	數量	工具	數量
電子秤	1個	皂模	1個
砧板	1個	濃度75%酒精	1瓶
切刀	1把	包皂專用保鮮膜	1片
250ml燒杯	1個	剪刀（或刀片）	1把
金屬鍋	1個	膠帶	1捲
電磁爐（或瓦斯爐）	1個		
攪拌棒	1支		

【材料】

材料	份量
無患子皂基	50g
茶樹精油	10滴
薰衣草精油	5滴
檸檬精油	5滴

【作法】

1 用電子秤量取50g無患子皂基。

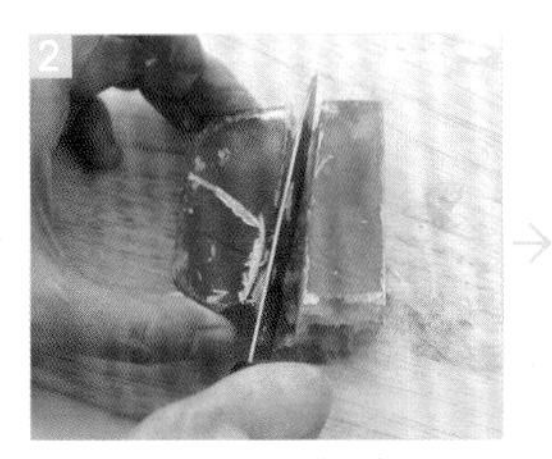

2 將皂基放在砧板上，用刀切成小塊。

3 將皂基塊放入燒杯中，再把燒杯置於鍋中，隔水加熱使皂基成液態。

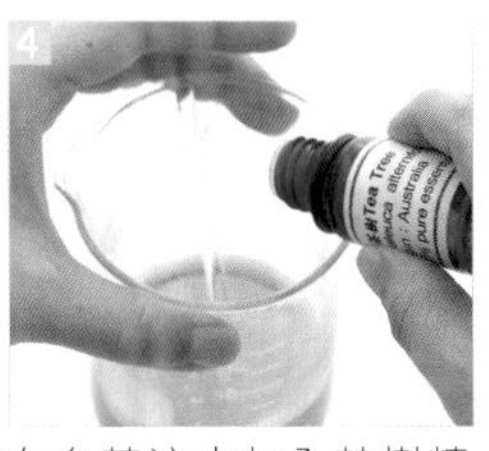

4 在皂基液中加入茶樹精油、薰衣草精油及檸檬精油各，攪拌均勻。

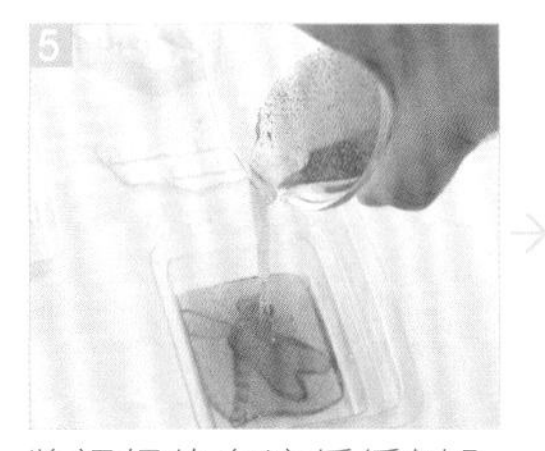

5 將調好的皂液緩緩倒入皂模當中。

6 入模時會產生氣泡，以濃度75%酒精噴於氣泡上，氣泡自然消失。

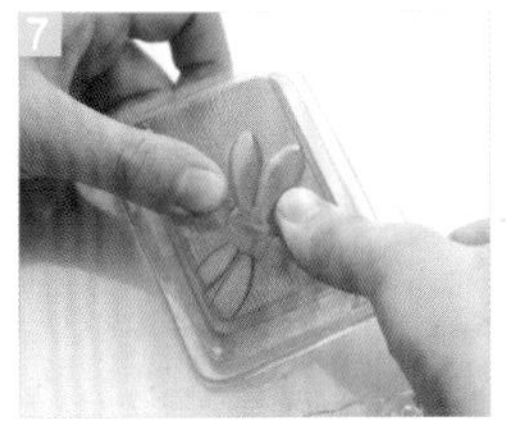

7 靜置至少2小時，等待皂液變乾、硬，便可進行脫模。

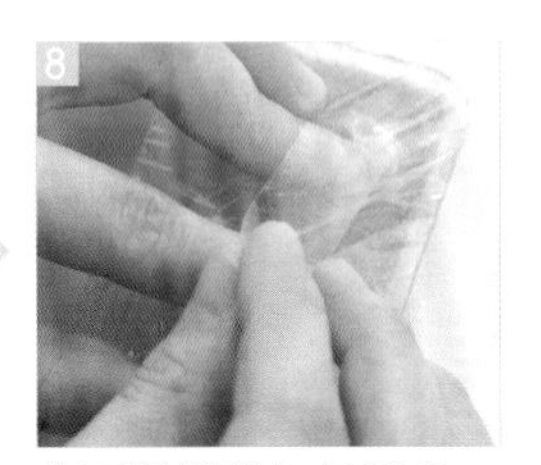

8 剪下保鮮膜包好肥皂，並用膠帶固定包裝。

【延伸應用】

大西洋雪松精油洗面皂

若想嘗試不同香氣，可將茶樹精油換成具有醇厚檀香氣息的大西洋雪松精油，由於它具有極佳的收斂效果，亦適合調理油性膚質。

苦橙葉精油洗面皂

針對痘痘型肌膚，可將檸檬精油換成苦橙葉精油，它可抑制皮脂過度分泌，能有效處理粉刺、青春痘之類的皮膚問題。

甜橙精油洗面皂

若皮膚較乾，可將檸檬精油換成甜橙精油，能改善皮膚乾燥、減少皺紋、增加肌膚彈性。

Memo

適用膚質 中性、油性、混合性

保存期限 30天

保存方法 需放置於陰涼處，並避免陽光直射。

使用方法 同P61

貼心提醒 精油香味易揮發，所有的精油手工皂都最好在製皂完成後30天內使用完畢，以便充分享受精油香氣所帶來的芳療功效。

促進代謝，減緩粉刺產生

035 檸檬調節油脂去角質霜

容易長痘痘或粉刺的皮膚，大多油脂分泌旺盛，角質層也相對較厚，必須定期清除。這款去角質霜利用檸檬精油可減少皮脂分泌的特性，加上具有美白作用，能有效減緩老化角質堆積，並讓膚色淨白！

【工具】

3ml空針筒	1支
250ml燒杯	1個
攪拌棒	1支
100ml量杯	1個
玻璃碟	1個
電子秤	1個
30g面霜盒	1個

【材料】

葡萄籽油	2ml
簡易乳化劑	0.5ml
純水	30ml
檸檬精油	3滴
快樂鼠尾草精油	2滴
迷迭香精油	1滴
天然核桃顆粒	2g

【作法】

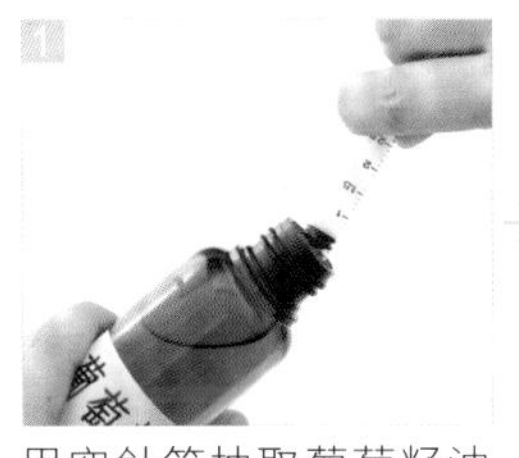

1 用空針筒抽取葡萄籽油2ml，滴至燒杯內。

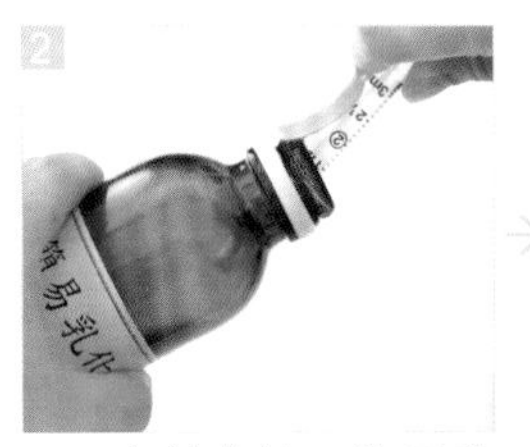

2 再用空針筒抽取簡易乳化劑0.5ml置入燒杯中。

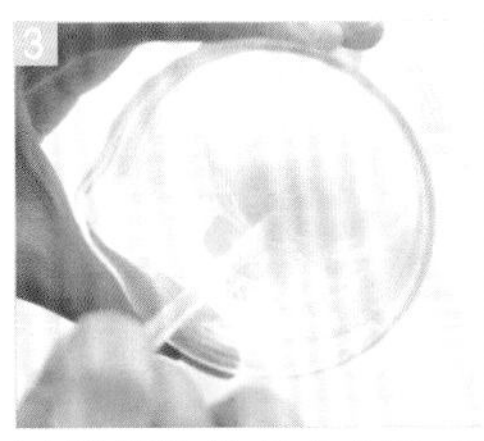

3 以攪拌棒將葡萄籽油與乳化劑充分攪勻，使成混濁狀。

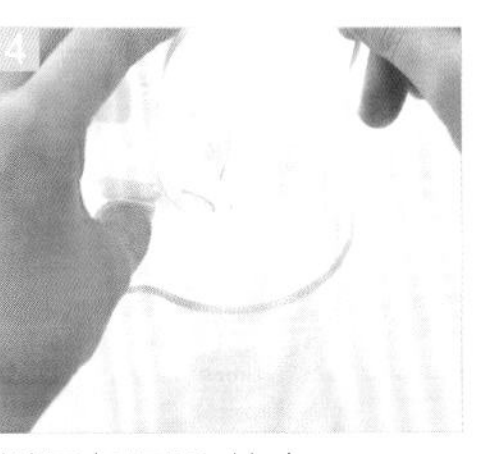

4 以量杯量取純水30ml，分次倒入燒杯並一邊攪拌，使至黏稠狀。

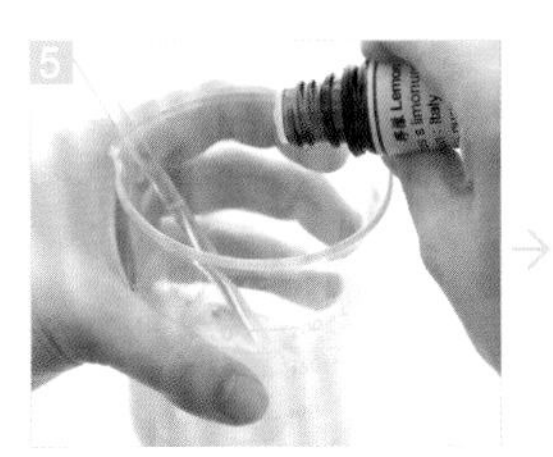

5 再加入檸檬精油3滴、快樂鼠尾草精油2滴、迷迭香精油1滴，拌勻備用。

6 用電子秤量取核桃顆粒2g，加入燒杯內的混合物中。

7 攪拌均勻後即完成去角質霜，裝入面霜盒內。

【延伸應用】

苦茶油去角質霜

可將葡萄籽油換成苦茶油，除了質感清爽，苦茶油中富含蛋白質、維生素A、E及山茶柑素等，有助美肌。

薰衣草精油去角質霜

若痤瘡嚴重，可將檸檬精油換成具有消炎、抗菌效果的薰衣草精油，在去角質的同時讓皮膚有鎮靜作用。

葡萄柚精油去角質霜

想加強代謝效果，可將迷迭香精油換成葡萄柚精油，除能促進血液循環，也有助面皰改善。

Memo

適用膚質 中性、油性、混合性

保存期限 30天

保存方法 放置乾燥無陽光直射處。

使用方法

1. 臉部清潔完畢後，取約10元硬幣大小的去角質霜，輕輕按摩全臉。
2. 按摩時間不要過久，按摩速度不要過快，避免造成刮傷。
3. 完成按摩動作後，再用清水將去角質霜洗淨。

避免阻塞，改善皮膚粗糙

039 甜橙柔膚去角質霜

即便肌膚偏乾，也可利用溫和型的產
進因壓力、熬夜、代謝不佳所造成的肥厚角
質堆積。這款去角質霜加入具排毒功效的甜
橙精油，不僅能柔化肌膚，還能有效提升皮
膚光澤及彈性，使肌膚柔嫩細緻。

【工具】

工具	數量
3ml空針筒	1支
250ml燒杯	1個
攪拌棒	1支
100 ml量杯	1個
玻璃碟	1個
電子秤	1個
30g面霜盒	1個

【材料】

材料	份量
橄欖油	3ml
簡易乳化劑	0.5ml
純水	30ml
甜橙精油	3滴
薰衣草精油	2滴
玫瑰天竺葵精油	1滴
天然核桃顆粒	2g

【作法】

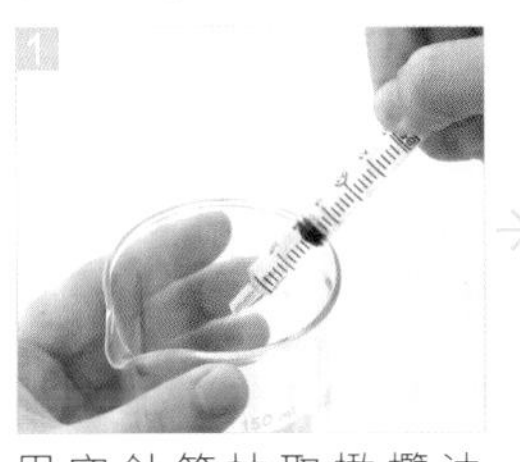

1. 用空針筒抽取橄欖油3ml，滴至燒杯內。

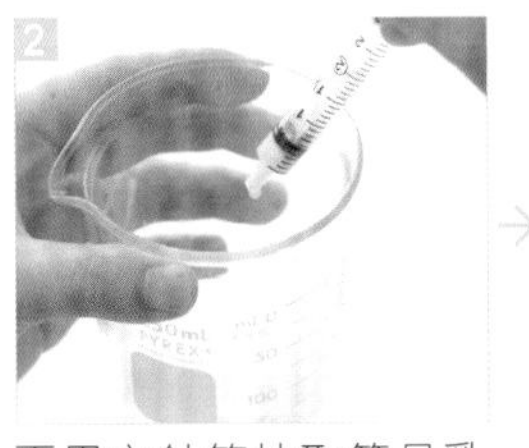

2. 再用空針筒抽取簡易乳化劑0.5ml，置入燒杯。

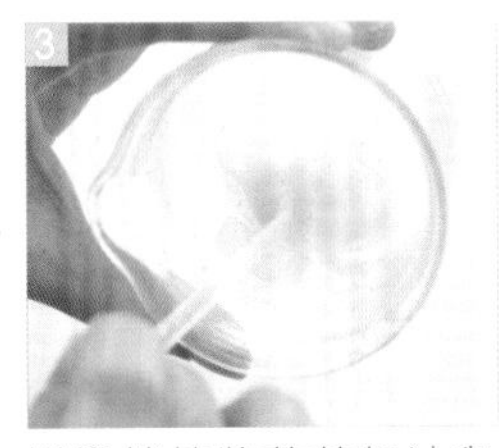

3. 以攪拌棒將葡萄籽油與乳化劑充分攪勻，使成混濁狀。

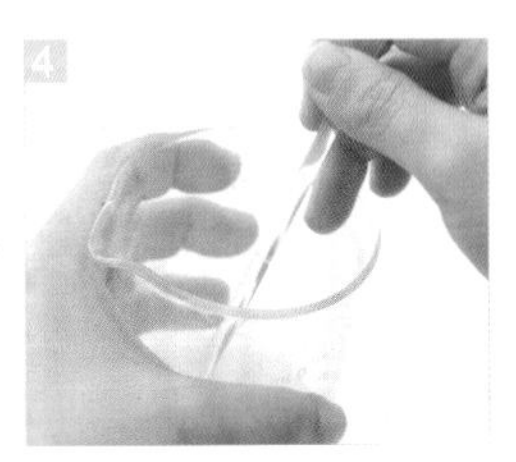

4. 以量杯量取純水30ml，分次倒入燒杯並一邊攪拌，使至黏稠狀。

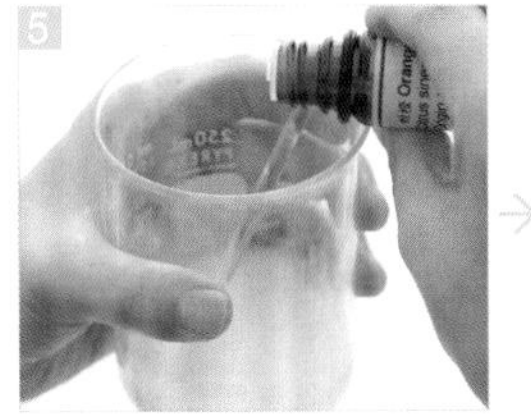

5. 再加入甜橙精油3滴、薰衣草精油2滴、玫瑰天竺葵精油1滴，拌勻備用。

6. 用電子秤量取核桃顆粒2g，加入燒杯內的混合物中。

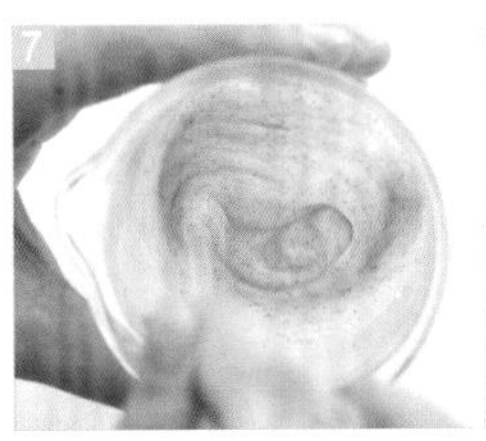

7. 攪拌均勻後即完成角質霜，裝入面霜盒內。

【延伸應用】

月見草油去角質霜

若將橄欖油換成富含γ-亞麻仁油酸(Gamma Linolenic Acid，簡稱GLA）的月見草油，能在去角質的同時，幫助角質層鎖住水分、達到保濕及修復的效果，使膚質透亮有光澤。

羅馬洋甘菊精油去角質霜

針對敏感型肌膚，可將甜橙精油換成羅馬洋甘菊精油，有助加強鎮靜安撫的功效。

乳香精油去角質霜

針對衰老、熟齡肌膚，可將玫瑰天竺葵精油換成乳香精油，幫助減緩細紋、恢復肌膚彈性。

Memo

適用膚質 中性、乾性、混合性

保存期限 30天

保存方法 放置乾燥無陽光直射處。

使用方法 同P65

貼心提醒 製作此兩款去角質霜時，千萬不要貪心加太多天然核桃顆粒，以免刮傷皮膚。如果習慣顆粒較多，也應適度多加一點即可。

PART 3

自己做！超潤澤的【臉部保養用品】70款

——保濕·控油·緊緻·修復，讓臉蛋水嫩細緻！

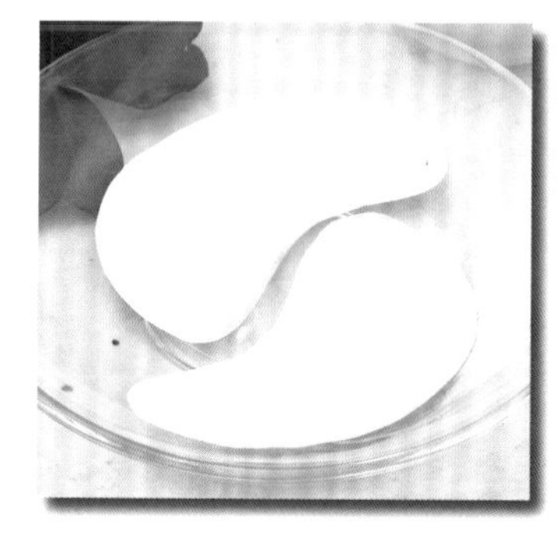

清潔之後更要保養，
對抗歲月和紫外線侵襲，
保濕、除皺、美白、控油……
加上眼、唇也要悉心照顧，
才能成為水嫩美人！

晶瑩剔透，嬌嫩白皙

043 葡萄柚亮肌化妝水

化妝水的作用在於平衡肌膚當中的水分，加入葡萄柚精油，除了香氣清新，還有收斂毛孔、鎮靜安定的效果，有助調理黑頭粉刺，並能增加臉部淋巴循環、促進新陳代謝，讓肌膚亮白，不再暗沉。

【工具】

250ml燒杯	1個
攪拌棒	1支
100ml量杯	1個
100ml避光噴頭瓶	1個

【材料】

植物性甘油	5滴（約5ml）
葡萄柚精油	15滴
薰衣草精油	5滴
純水	95ml

【作法】

1 將植物性甘油5滴滴入燒杯中。

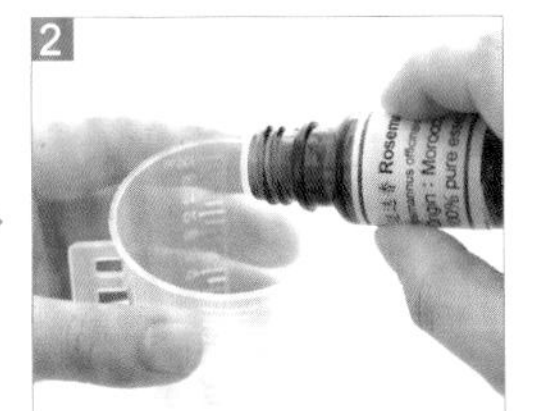

2 再將葡萄柚精油、薰衣草精油滴入燒杯中，並用攪拌棒拌勻備用。

3 以量杯量取純水95ml，倒入避光噴頭瓶中。

4 再將燒杯內的所有材料倒入避光噴頭瓶中，即完成化妝水。

5 蓋上瓶蓋拴緊後，以「前後搓滾」的方式將搖化妝水均勻；切勿上下晃動，以免破壞精油的分子能量。

【延伸應用】

011 花梨木精油化妝水
可將葡萄柚精油換成花梨木精油，除同樣具保濕功效，也因具有抗敏成分，能緩和敏感、發癢等現象。

015 羅馬洋甘菊精油化妝水
若將葡萄柚精油換成羅馬洋甘菊精油，則具較強的抗敏效果，且具抗氧化作用，可延緩肌膚老化。

016 依蘭依蘭精油化妝水
若將薰衣草精油換成帶有浪漫花香的依蘭依蘭精油，則有助促進皮膚油質分泌平衡，乾性、油性膚質都適用。

Memo

適用膚質 中性、油性、混合性
保存期限 30天
保存方法 置於陰涼處，並避免陽光直射。
使用方法 洗完臉後，將化妝水噴灑於全臉，以手輕拍至完全吸收即可。

調理膚質，均勻保濕

047 迷迭香平衡油脂化妝水

皮膚之所以會「出油」，除了雄性激素分泌過盛，也常因為保濕不夠、缺水過度，使得皮膚不斷分泌油脂來進行保護。若在化妝水中添加迷迭香精油，則可促進皮脂分泌平衡、縮小毛孔，有效改善膚質！

【工具】

250ml燒杯	1個
攪拌棒	1支
100ml量杯	1個
100ml避光噴頭瓶	1個

【材料】

植物性甘油	5滴（約5ml）
迷迭香精油	12滴
檸檬精油	5滴
薄荷精油	3滴
純水	95ml

【作法】

將植物性甘油5滴及迷迭香精油12滴、檸檬精油5滴、薄荷精油3滴倒入燒杯中。

用攪拌棒將燒杯中的混合物攪拌均勻備用。

以量杯量取純水95ml，倒入避光噴頭瓶中。

再將燒杯內的所有材料倒入避光噴頭瓶中，即完成化妝水。

蓋上瓶蓋拴緊後，以「前後搓滾」的方式將搖化妝水均勻；切勿上下晃動，以免破壞精油的分子能量。

【延伸應用】

048 苦橙葉茶樹精油化妝水
若喜歡不同香味，可將迷迭香精油換成苦橙葉精油或茶樹精油，對於調理油脂分泌都有不錯的效果。

049 甜橙精油化妝水
可將檸檬精油換成最能減緩膠原蛋白流失的甜橙精油，能改善皮膚乾燥、皺紋等問題。

050 綠花白千層精油化妝水
針對痘痘較嚴重者，可將薄荷精油換成綠花白千層精油，它除了能平衡油脂，還有極強的抗菌力，並可緊實組織、促進傷口痊癒，對於減緩面皰、粉刺、青春痘都相當有效。

Memo

適用膚質 油性、混合性

保存期限 30天

保存方法 避免陽光直射的陰涼處。

使用方法 洗完臉後，將化妝水噴灑於全臉，以手輕拍至完全吸收即可。

貼心提醒 頭部曾受傷或癲癇患者以及孕婦請勿使用迷迭香相關製品。

柔化肌膚，完美修復

051 羅馬洋甘菊呵護調理乳液

帶有淡淡蘋果香的羅馬洋甘菊精油，具有柔軟皮膚、促進結疤的功效，加入乳液之中，可在按摩皮膚、平衡油脂的同時，還能達到柔化、修復的功效！

【工具】

3ml空針筒	1支
100ml燒杯	1個
攪拌棒	1支
100ml量杯	1個
40ml避光壓頭瓶	1個

【材料】

荷荷芭油（液態蠟）	3ml
簡易乳化劑	0.3ml
純水	40ml
羅馬洋甘菊精油	3滴
薰衣草精油	1滴

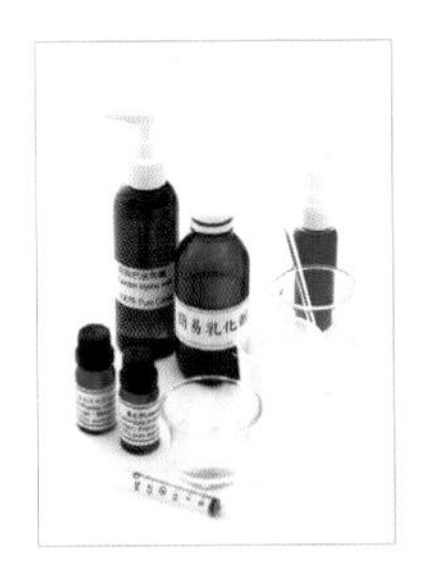

【作法】

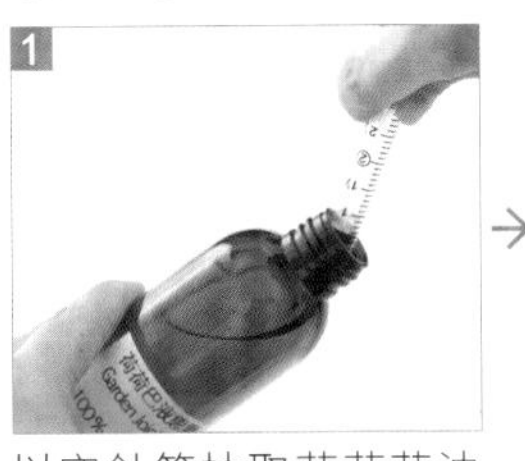

1 以空針筒抽取荷荷芭油3ml置於燒杯內。

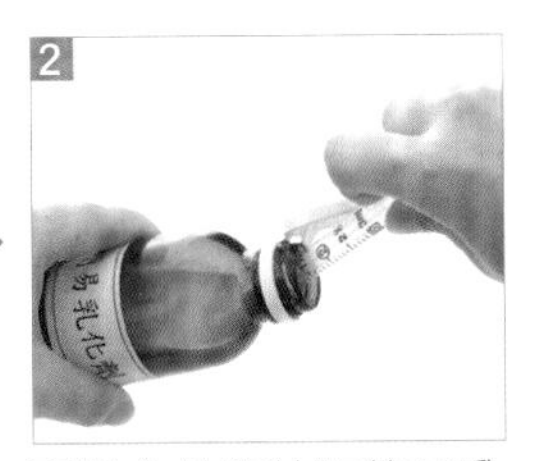

2 再以空針筒抽取簡易乳化劑0.3ml倒入燒杯。

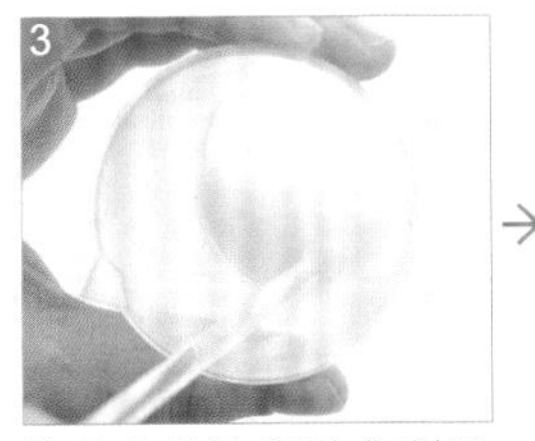

3 將荷荷芭油與乳化劑用攪拌棒充分攪勻，使成混濁狀。

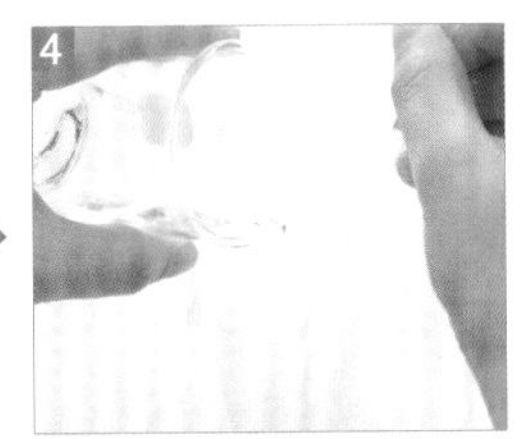

4 用量杯量取純水40ml，分次慢慢燒杯中，並用攪拌棒攪拌均勻。

5 加入羅馬洋甘菊精油、薰衣草精油，均勻攪拌後，即完成乳液。

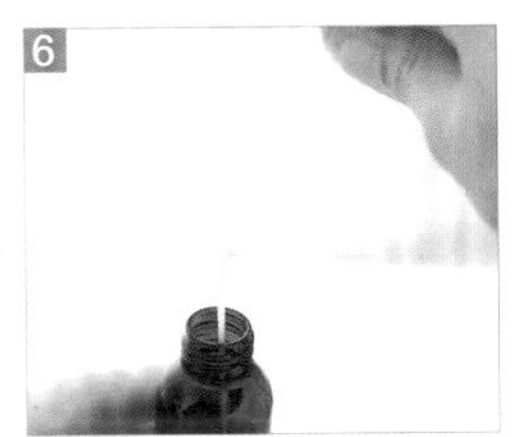

6 將乳液裝入避光壓頭瓶中，蓋好瓶蓋保存。

【延伸應用】

052 月見草油乳液
可將原本配方中的3ml荷荷芭油改成2ml，並加入月見草油1ml，由於月見草油中具有抗炎成分，有助皮膚舒緩鎮定。

053 依蘭依蘭精油乳液
針對熟齡肌膚，可將羅馬洋甘菊精油換成依蘭依蘭精油，以增添保濕、除皺的功效。

054 花梨木精油乳液
若皮膚偏乾、容易發癢，可將薰衣草精油換成花梨木精油，除促進保濕，並能刺激細胞組織再生，對於改善乾燥敏感的皮膚很有幫助。

Memo

適用膚質 所有膚質均適用

保存期限 30天

保存方法 放置乾燥無陽光直射處

使用方法
1. 壓出乳液約50硬幣面積大小的份量，置於掌心，稍微搓熱。
2. 以手帶乳液輕輕按摩全臉，直至完全吸收即可。

貼心提醒
1. 此款乳液也可以用於身體其他較乾部位。
2. 因未加抗菌劑，若發現乳液表面出現「長細毛」的現象，表示已經發霉，不要再用。
3. 如果乳液用起來感覺不夠滋潤，可改用乳霜，更加保濕。

提升彈性，擺脫暗沉

055 迷迭香緊緻保濕乳液

帶有木質香氣的迷迭香精油，具有可促進細胞代謝的成分，收斂效果也很強，加入乳液中，除可幫助皮膚再生、增加肌膚彈性外，並且能達到緊緻、亮白的功效，讓你看起來更年輕！

【工具】

3ml空針筒	1支
100ml燒杯	1個
攪拌棒	1支
100ml量杯	1個
40ml避光壓頭瓶	1個

【材料】

葡萄籽油	3ml
簡易乳化劑	0.3ml
純水	40ml
迷迭香精油	4滴
葡萄柚精油	2滴
茶樹精油	2滴

【作法】

1 用空針筒抽取葡萄籽油3ml，滴入燒杯中。

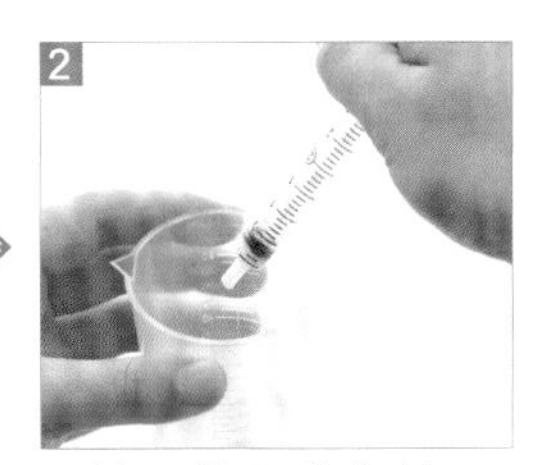

2 再抽取簡易乳化劑0.3ml，置入燒杯。

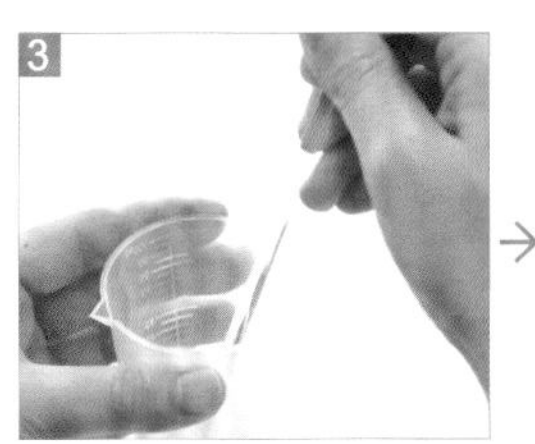

3 將葡萄籽油與乳化劑用攪拌棒拌勻，使其呈混濁狀。

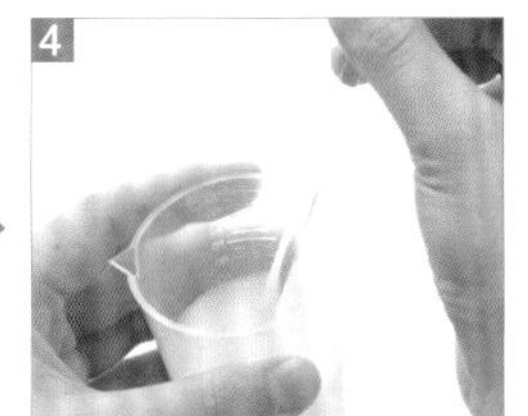

4 以量杯量取純水40ml，分次慢慢倒入燒杯中，並攪拌均勻。

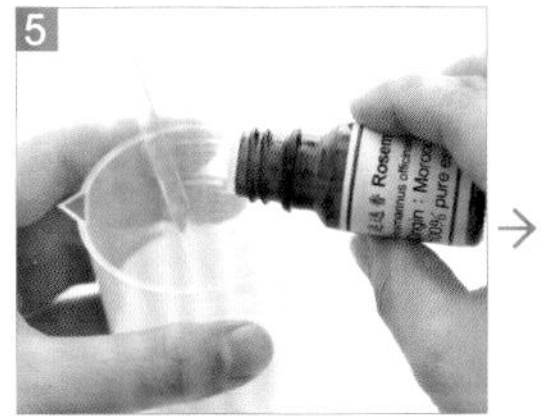

5 再滴入迷迭香精油4滴、葡萄柚精油2滴、茶樹精油2滴。

6 將所有配方用攪拌棒攪拌均勻後，即完成乳液，裝入避光壓頭瓶中保存即可。

【延伸應用】

056 苦茶油乳液

可將葡萄籽油換成苦茶油，它除了是烹調好油，也因富含維生素A、E及山茶柑素等，對於皮膚有極佳的滋潤及修復效果。

057 薰衣草精油乳液

針對痘痘型肌膚，可將葡萄柚精油換成具有鎮靜、修復功效的薰衣草精油，除有助細胞再生、傷口癒合，還能淡化痘斑。

058 大西洋雪松精油乳液

配方中的茶樹精油也可換成大西洋雪松精油，兩者同樣具有殺菌、收斂效果，有助消炎、止癢、安撫皮膚。

Memo

適用膚質 中性、混合性

保存期限 30天

保存方法 放置乾燥無陽光直射處

使用方法 ❶壓出乳液約50硬幣面積大小的份量，置於掌心，稍微搓熱。
❷以手帶乳液輕輕按摩全臉，直至完全吸收即可。

貼心提醒 ❶此款乳液也可以用於身體其他較乾部位。
❷因未加抗菌劑，若發現乳液表面出現「長細毛」的現象，表示已經發霉，不要再用。

調理內分泌，改善痘痘肌

059 快樂鼠尾草平衡精華液

【工具】

攪拌棒	1支
100ml燒杯	1個
電子秤	1個
100ml量杯	1個
40ml避光壓頭瓶	1個

【材料】

高分子聚合膠（凝膠）	2g
純水	40ml
植物性甘油	1滴（約1 ml）
快樂鼠尾草精油	5滴
薰衣草精油	4滴
玫瑰天竺葵精油	3滴

【作法】

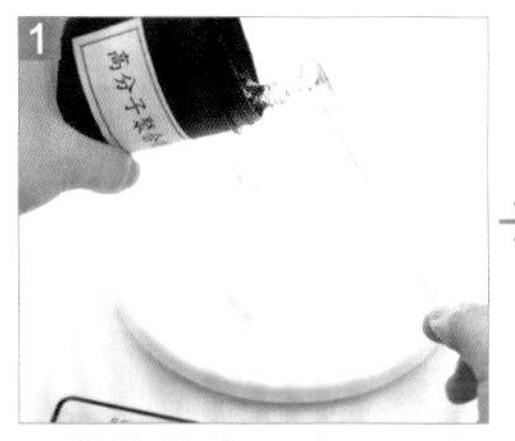

1 用攪拌棒挖取高分子凝膠置入燒杯中，放在電子秤上，量取所需的2g備用。

→

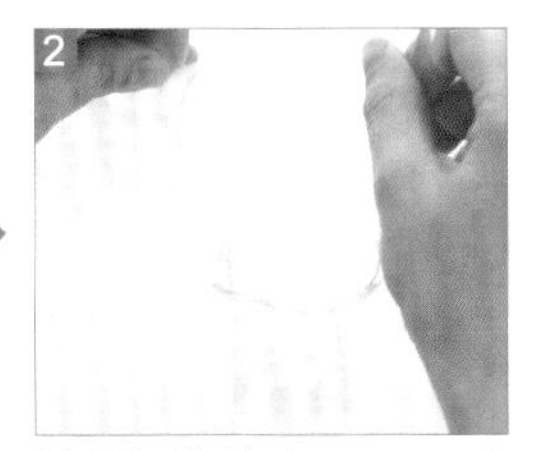

2 以量杯裝純水40ml，分次倒入燒杯中，慢慢與高分子凝膠攪拌融合。

3 確認完全融合後，加入植物性甘油1滴。

→

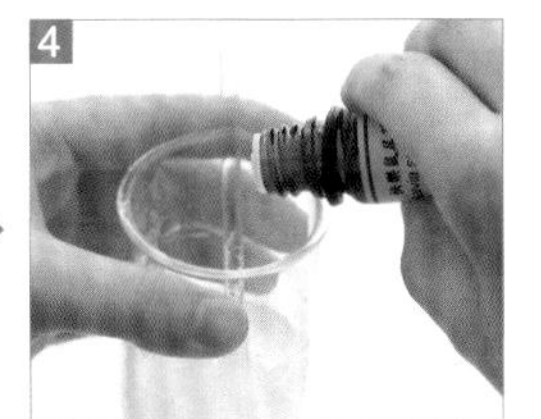

4 再加入快樂鼠尾草精油5滴、薰衣草精油4滴、玫瑰天竺葵精油3滴（加入精油時凝膠變混濁是正常的）。

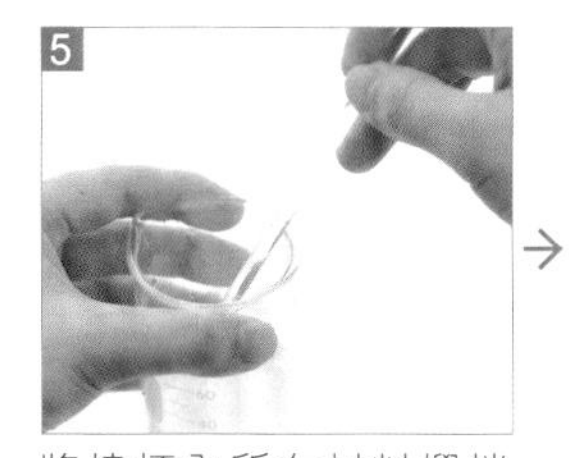

5 將燒杯內所有材料攪拌均勻，即完成精華液。

→

6 將精華液裝入避光壓頭瓶中，蓋上瓶蓋封好。

【延伸應用】

060 羅馬洋甘菊精油精華液
若肌膚屬於敏感型，可將快樂鼠尾草精油換成具有較強鎮靜及抗敏效果的羅馬洋甘菊精油。

061 花梨木精油精華液
薰衣草精油可換成花梨木精油，能增加皮膚的免疫力，也可鎮靜肌膚，且對於發紅痘痘也具有調理效果。

062 玫瑰草精油精華液
針對熟齡肌膚，可將薰衣草精油換成玫瑰草精油，增加保濕效果，並可促進皮膚彈性。

063 依蘭依蘭精油精華液
如果喜歡茉莉花調的香氣，可採用依蘭依蘭精油取代玫瑰天竺葵精油，同樣具有保濕效果。

064 苦橙葉精油精華液
若膚質超油，則可將玫瑰天竺葵精油換成苦橙葉精油，有助於充分平衡油脂分泌。

Memo

適用膚質 中性、混合性

保存期限 約30天

保存方法 放置陰涼處，並避免陽光直射，夏天最好放在冰箱裡較好保存。

使用方法 ❶有關各種基礎保養品的使用順序，建議如右：化妝水→精華液→眼霜／眼膠→乳液／面霜，但也可依個人需求進行調整。
❷使用精華液時，約取2顆黃豆大小份量，然後由下往上按摩整個臉部，直至充分吸收為止。

貼心提醒 ❶使用時若覺太乾，夏天可加一滴基底油，冬天則加兩滴，與精華液於掌心混合後再用。
❷使用眼霜會長小肉芽的人，可把精華液當眼膠使用。

告別粉刺，滑嫩肌再生

065 茶樹除痘精華液

在質地清爽的精華液中，加入具抗菌、消炎成分的茶樹精油，可有效清除痘痘；搭配可調理皮脂的檸檬精油，以及幫助細胞修護的薰衣草精油，不但有助緩和粉刺形成，還能促進平滑柔嫩肌膚再生！

【工具】

工具	數量
攪拌棒	1支
電子秤	1個
100ml燒杯	1個
100ml量杯	1個
40ml避光壓頭瓶	1個

【材料】

材料	份量
高分子聚合膠（凝膠）	2g
純水	40ml
植物性甘油	1滴（約1ml）
茶樹精油	5滴
檸檬精油	4滴
薰衣草精油	3滴

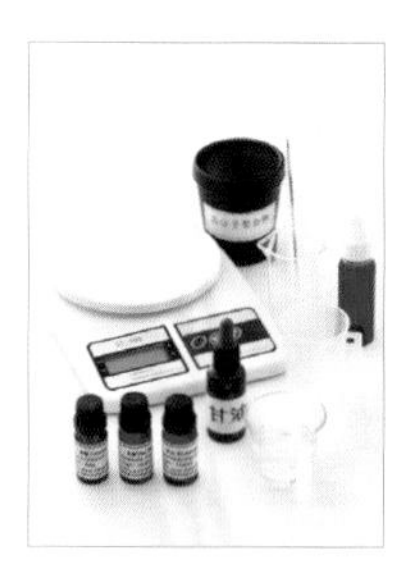

【作法】

1 用攪拌棒挖取高分子凝膠置入燒杯中，放在電子秤上，量取所需的2g備用。

→

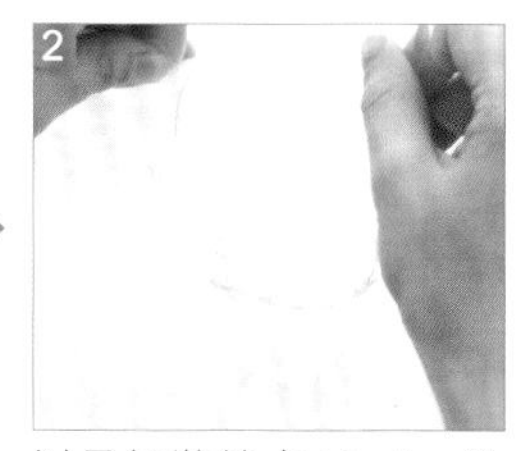

2 以量杯裝純水40ml，分次倒入燒杯中，慢慢與高分子凝膠攪拌融合。

3 確認完全融合後，加入植物性甘油1滴。

→

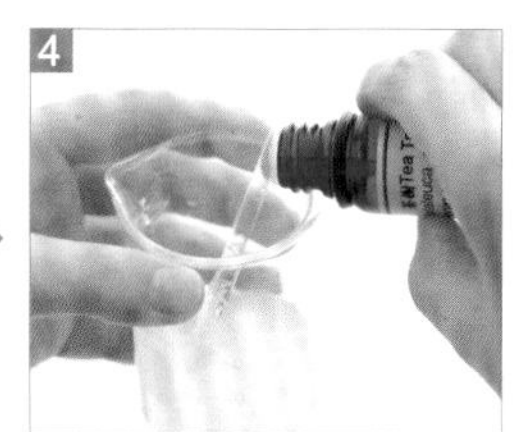

4 再加入茶樹精油5滴、檸檬精油4滴、薰衣草精油3滴（加入精油時凝膠變得混濁是正常現象）。

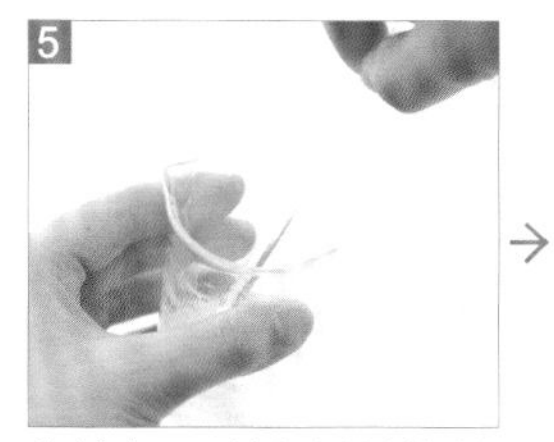

5 將燒杯內所有材料攪拌均勻，即完成精華液。

→

6 將精華液裝入避光壓頭瓶中，蓋上瓶蓋封好。

【延伸應用】

066 大西洋雪松精油精華液

可將檸檬精油換成大西洋雪松精油，有助調理收斂肌膚。

067 甜橙精油精華液

可將檸檬精油可換成甜橙精油，一樣具有調理油脂的功效。

068 花梨木保濕精華液

若皮膚既乾又油，可採用較溫和的花梨木精油取代薰衣草精油，不但刺激性低，而且保濕性佳，具有平衡油脂、活化肌膚、增加光澤、預防皺紋的效果。

Memo

適用膚質 中性、油性、混合性

保存期限 約30天

保存方法 放置陰涼處，並避免陽光直射，夏天最好放在冰箱裡較好保存。

使用方法
❶有關各種基礎保養品的使用順序，建議如右：化妝水→精華液→眼霜／眼膠→乳液／面霜，但也可依個人需求進行調整。
❷使用精華液時，約取2顆黃豆大小份量，然後由下往上按摩整個臉部，直至充分吸收為止。

貼心提醒
❶精華液調好後可先在手背試試質地，如覺太稠，就再加水；若太稀，就再加一點凝膠，但每次請只加一點點，不然很容易失敗。
❷使用時若覺太乾，夏天可加一滴基底油（如荷荷芭油、葡萄籽油或橄欖油等），冬天則加兩滴，與精華液於掌心混合後再用。
❸使用眼霜會長小肉芽的人，可把精華液當眼膠使用。

溫和美白，收縮毛孔

 檸檬嫩白乳霜

檸檬精油具有美白作用，加在乳霜中保養皮膚，不但能增加皮膚光澤，甚至還可淡化斑點。此外，它也具有收斂效果，可以幫助油性肌膚減少皮脂分泌，讓膚質呈現柔嫩的狀態。

【工具】

3ml空針筒	1支	金屬鍋	1個
100ml燒杯	1個	30g面霜罐	1個
攪拌棒	1支		
50ml燒杯	1個		
150ml燒杯	1個		
電子秤	1個		
電磁爐或瓦斯爐	1個		

【材料】

苦茶油	2ml
月見草油	1ml
簡易乳化劑	0.5ml
純水	25ml
檸檬精油	3滴
薰衣草精油	2滴
甜橙精油	1滴
乳油木果脂	2g

【作法】

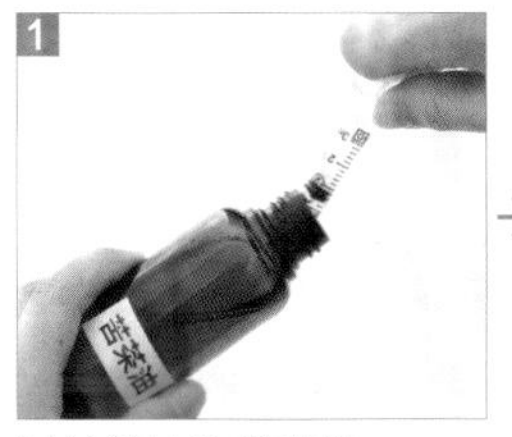

1 以針筒抽取苦茶油2ml、月見草油1ml，置於100ml燒杯內。

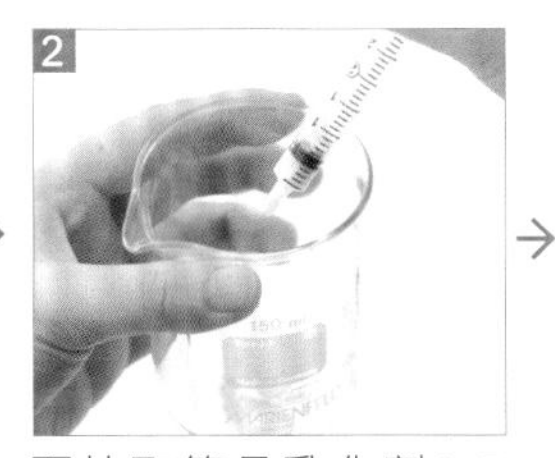

2 再抽取簡易乳化劑0.5ml，滴入燒杯中後，用攪拌棒將杯內的混合物充分攪勻成混濁狀。

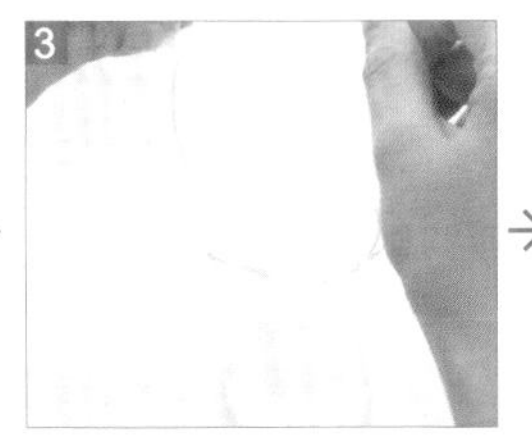

3 以50ml燒杯量取純水25ml，分次倒入燒杯中，慢慢攪拌均勻。

4 再滴入檸檬精油3滴、薰衣草精油2滴、甜橙精油1滴，攪拌均勻後備用。

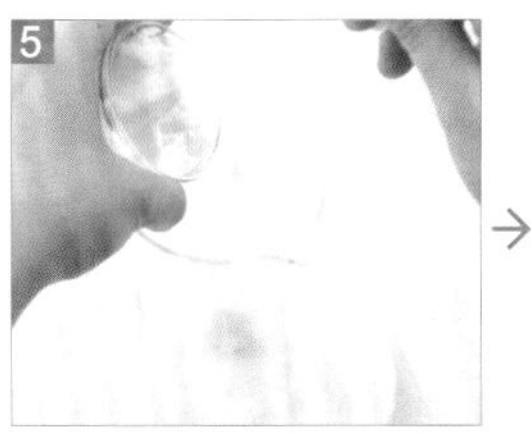

5 用攪拌棒挖取乳油木果脂，置於150ml空燒杯中，放在電子秤上，量取所需要的2g。

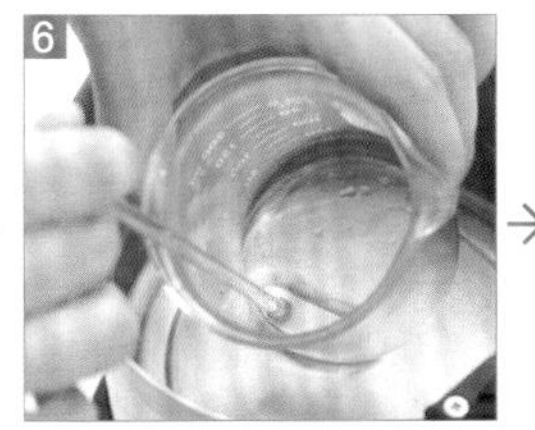

6 將裝有乳油木果脂的燒杯放在金屬鍋中隔水加熱，一邊攪拌，使乳油木果脂融化為液體。

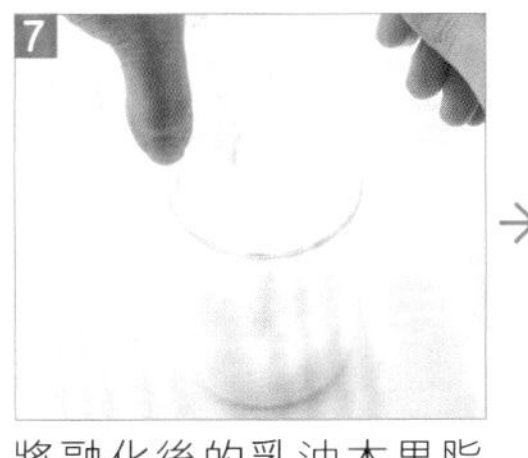

7 將融化後的乳油木果脂倒入步驟4的混合物中，並用攪拌棒攪拌均勻，即完成乳霜。

8 以攪拌棒將乳霜成品挖入面霜罐中，蓋上瓶蓋即可。

【延伸應用】

070 依蘭依蘭精油乳霜
若喜歡花香調，可將薰衣草精油換成依蘭依蘭精油，除了有濃郁的香氣，並且具保濕、平衡油脂的功效。

071 綠花白千層精油乳霜
將甜橙精油換成綠花白千層精油，可刺激皮膚再生、加強代謝，還可調合苦茶油的味道。

072 花梨木抗皺乳霜
針對較乾燥的肌膚，可將甜橙精油換成花梨木精油，同樣能有效保濕，並具抗皺效果，能改善肌膚老化、鬆垮等現象。

Memo

適用膚質 中性、混合性

保存期限 30天

保存方法 放置乾燥無陽光直射處，使用完畢記得鎖緊盒蓋。

使用方法 ❶壓出乳霜約50硬幣面積大小的量於掌心，稍加揉搓，加溫乳霜。
❷以手帶乳霜輕輕按摩全臉，直至完全吸收即可。
❸也可用於身體其他部位，方法同上。

減緩乾癢，保濕潤澤

073 薄荷修護抗敏乳霜

【工具】

3ml空針筒	1支	金屬鍋	1個
100ml燒杯	1個	30g面霜罐	1個
攪拌棒	1支		
50ml燒杯	1個		
150ml燒杯	1個		
電子秤	1個		
電磁爐或瓦斯爐	1個		

【材料】

橄欖油	2ml
月見草油	1ml
簡易乳化劑	0.5ml
純水	25ml
薄荷精油	4滴
薰衣草精油	3滴
羅馬洋甘菊精油	2滴
凡士林	2g

【作法】

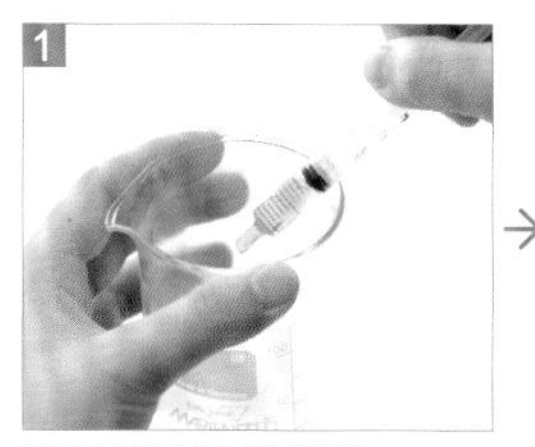

1 用針筒抽取橄欖油2ml、月見草油1ml，滴於100ml燒杯內。

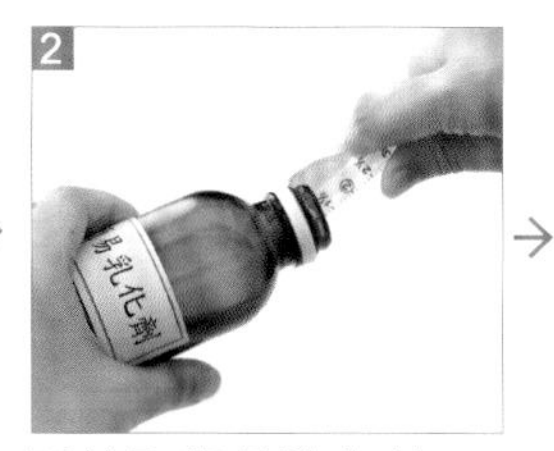

2 再抽取簡易乳化劑0.5ml，滴入燒杯後，用攪拌棒將杯內的混合物充分攪勻，使成混濁狀。

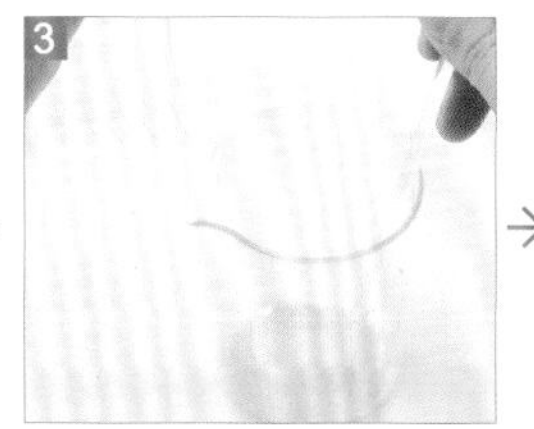

3 以50ml燒杯量取純水25ml，分次倒入燒杯中，慢慢攪拌均勻。

4 再滴入薄荷精油4滴、薰衣草精油3滴、羅馬洋甘菊精油2滴，攪拌均勻後備用。

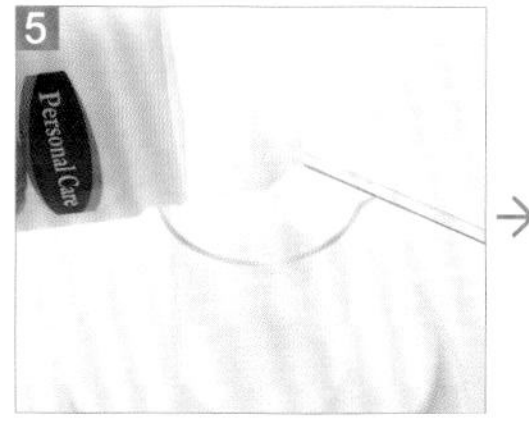

5 用攪拌棒挖取凡士林，置於150ml空燒杯中，放在電子秤上，正確量取所需要的2g。

6 將裝有凡士林的燒杯放在金屬鍋中隔水加熱，一邊攪拌，使凡士林融化為液體。

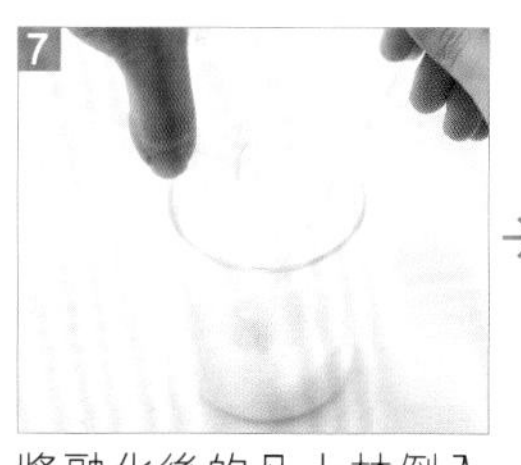

7 將融化後的凡士林倒入步驟4的混合物中。

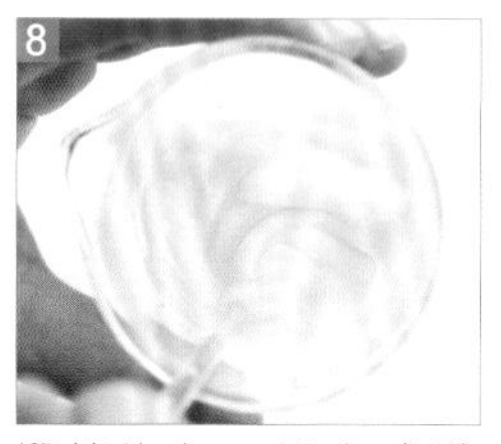

8 攪拌均勻，即完成乳霜，然後以攪拌棒挖取裝入面霜罐中、蓋緊瓶蓋存放即可。

【延伸應用】

074 澳洲尤加利精油乳霜

若皮膚有發炎、發癢，甚至蓄膿等現象，可將薄荷精油換成澳洲尤加利精油，它具有極佳的殺菌、消炎、抗菌功效，並能幫助傷口癒合、促進皮膚組織新生。

075 花梨木精油乳霜

配方中的羅馬洋甘菊精油具抗敏效果，也可用花梨木精油取代，除保濕性佳，同樣也能夠調整敏感型的肌膚。

Memo

適用膚質 所有膚質均適用

保存期限 30天

保存方法 放置乾燥無陽光直射處，使用完畢鎖緊盒蓋。

使用方法 同P83

貼心提醒 ❶如果喜歡較滋潤，可增加0.5g凡士林，反之，若不喜歡太油膩，則可減少0.5g凡士林。

❷凡士林會形成保護膜，適用在脆弱及需修護的皮膚。

❸此兩款乳霜因未加抗菌劑，如果發現乳霜表面有「長細毛」的現象，表示已經發霉，勿再使用。

防止乾燥，維持清麗眼眸

076 甜橙水潤保濕眼霜

眼睛周圍的肌膚最為脆弱，將具有補水、鎖水功效的甜橙精油加入眼霜當中，不但能改善肌膚夜間缺水問題，使眼周不再乾燥，還能刺激膠原蛋白增生，讓眼周肌膚保有彈性與光澤！

【工具】

3ml空針筒	1支
250ml燒杯	1個
攪拌棒	1支
100ml量杯	1個
40g面霜罐	1個

【材料】

苦茶油	2ml
荷荷芭油（液態蠟）	1ml
簡易乳化劑	0.5ml
純水	40ml
甜橙精油	3滴
迷迭香精油	2滴

【作法】

1 用針筒抽取苦茶油與荷荷芭油，滴於燒杯內。

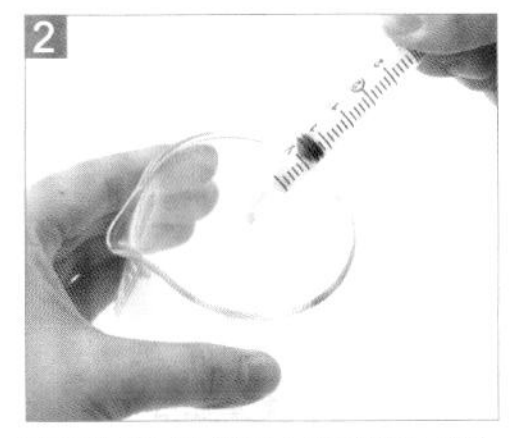

2 再用空針筒抽取簡易乳化劑0.5ml，滴入燒杯。

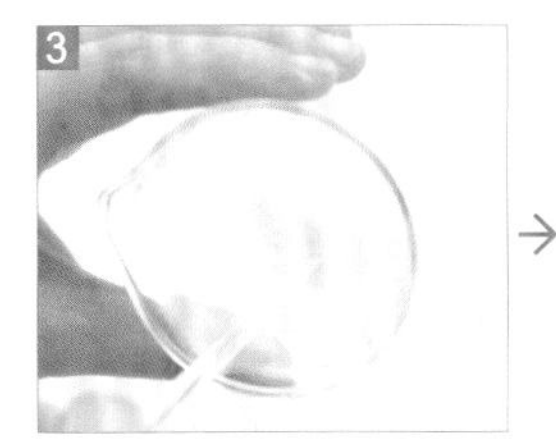

3 將燒杯內所有材料攪勻，使呈混濁狀。

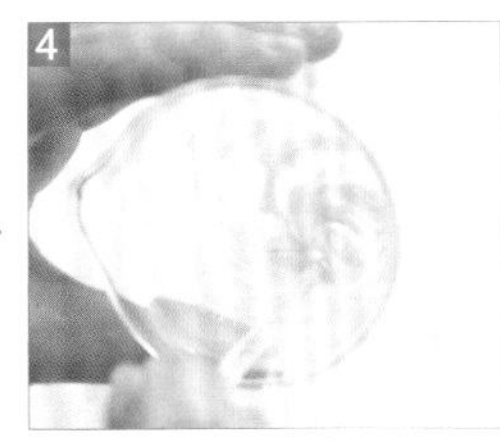

4 以量杯量取純水40ml，分次倒入燒杯中，並一邊慢慢攪拌。

5 再滴入甜橙精油3滴、迷迭香精油2滴，攪拌均勻，即完成眼霜。

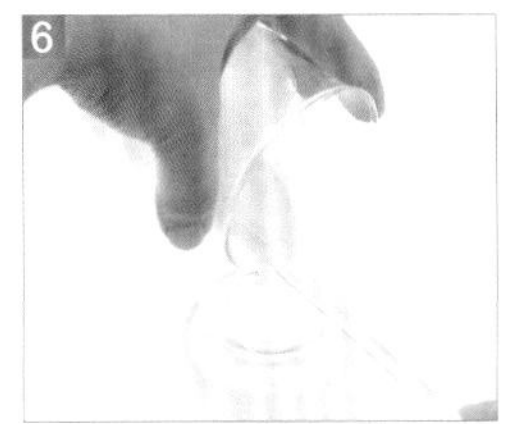

6 以攪拌棒挖取眼霜成品，裝入面霜罐中，並蓋上瓶蓋即可。

【延伸應用】

077 乳香精油眼霜
針對肌膚老化，可將甜橙精油換成乳香精油，能有效改善細紋，使皮膚恢復年輕平滑。

078 玫瑰草精油眼霜
針對外油內乾型的膚質，可將迷迭香精油換成玫瑰草精油，它能在肌膚表面形成天然保水膜，潤澤度佳。

Memo

適用膚質 中性、混合性

保存期限 30天

保存方法 放置乾燥無陽光直射處

使用方法 ❶壓出約1元硬幣面積大小的眼霜量於掌心，並稍加搓熱。
❷手指沾眼霜，以輕點的方式按壓眼部四周，即至完全吸收即可。
❸此款眼霜亦可當做頸霜使用；沐浴清潔後，以手沾適當霜量按摩、塗抹於頸部即可。

貼心提醒 如果使用眼霜後會長小肉芽者，表示過於滋潤，建議不要再使用，以敷眼膜的方式進行保養即可。

延緩老化，對抗魚尾紋

079 玫瑰天竺葵抗皺眼霜

想要對付眼部細紋，可在眼霜中加入具有緊實功效的玫瑰天竺葵精油，它能促進新陳代謝、活化細胞，有效淡化暗沉、浮腫等現象，並達到延緩魚尾紋形成的功效，讓眼部重現青春緊緻的光采！

【工具】

3ml空針筒	1支
250ml燒杯	1個
攪拌棒	1支
100ml量杯	1個
40g面霜罐	1個

【材料】

月見草油	1ml
荷荷芭油（液態蠟）	2ml
簡易乳化劑	0.5ml
純水	40ml
玫瑰天竺葵精油	3滴
甜橙精油	2滴

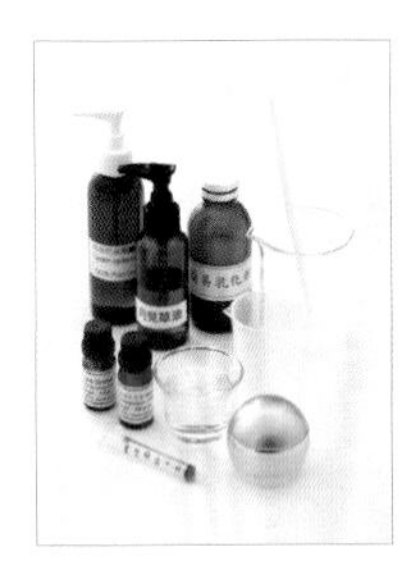

【作法】

1

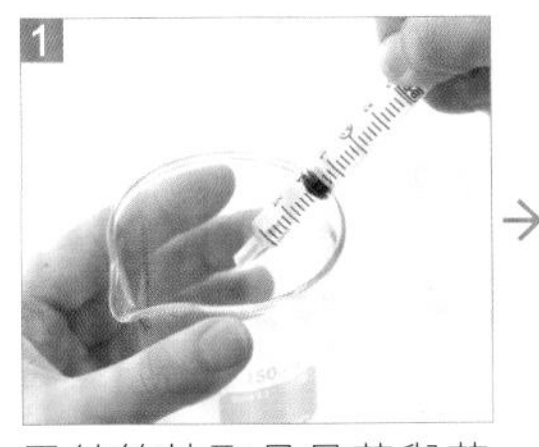

用針筒抽取月見草與荷荷芭油，滴於燒杯內。

→

2

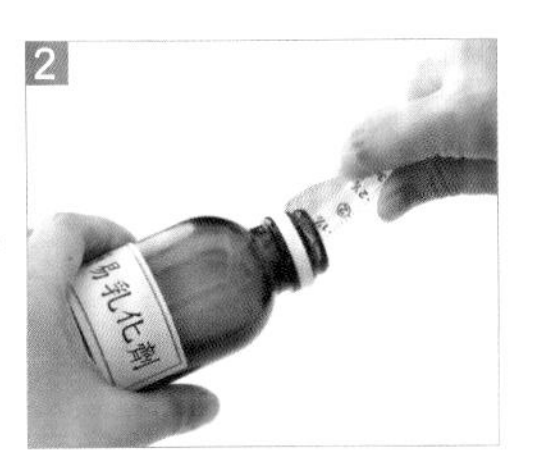

再用空針筒抽取簡易乳化劑0.5ml，滴入燒杯。

3

將燒杯內所有配方以攪拌棒充分攪勻，使呈混濁狀。

→

4

以量杯量取純水40ml，分次倒入燒杯中，並一邊攪拌。

5

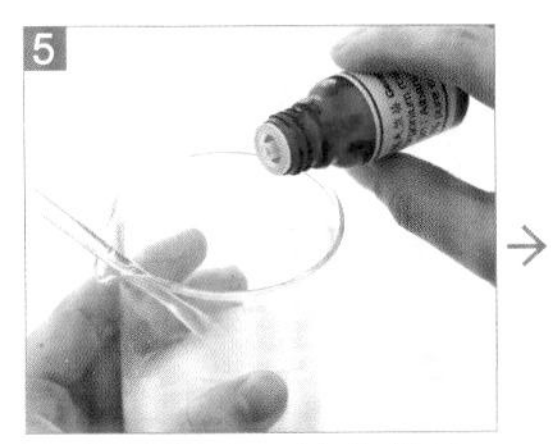

再滴入玫瑰天竺葵精油3滴、甜橙精油2滴。

→

6

將燒杯內所有材料攪拌均勻，即完成眼霜。最後將成品裝入面霜罐，蓋上瓶蓋即可。

【延伸應用】

080 依蘭依蘭精油眼霜

針對特別乾燥、粗糙的肌膚，亦可將玫瑰天竺葵精油換成依蘭依蘭精油，它具有極佳的修護效果，可潤澤、抗皺，改善鬆弛、乾裂等老化現象。

081 花梨木精油眼霜

如果喜歡木質調，可將配方中帶有果香氣息的甜橙精油置換成花梨木精油，兩者同樣具有保濕功效。

Memo

適用膚質 中性、乾性、敏感性

保存期限 30天

保存方法 放置乾燥無陽光直射處

使用方法 ❶壓出約1元硬幣面積大小的眼霜量於掌心，並稍加搓熱。

❷手指沾眼霜，以輕點的方式按壓眼部四周，即至完全吸收即可。

貼心提醒 如果使用眼霜後會長小肉芽者，表示過於滋潤，建議不要再使用，以敷眼膜的方式進行保養即可。

杜絕龜裂，滋潤活化雙唇

082 薰衣草修復護脣膏

嘴唇乾燥甚至脫皮龜裂，不但有礙美觀，嚴重者甚至會有流血、疼痛不適的現象。這款護脣膏加入具有修護成分的薰衣草精油，能充分潤澤唇部肌膚，並療癒傷口，讓雙唇重現柔嫩活力！

【工具】

3ml空針筒	1支
50ml燒杯	1個
攪拌棒	1支
電子秤	1個
150ml燒杯	1個
電磁爐或瓦斯爐	1個
金屬鍋	1個
5g唇膏管	1支

【材料】

橄欖油	2ml
荷荷芭油（液態蠟）	1ml
薰衣草精油	3滴
甜橙精油	2滴
蜂蠟	2g

【作法】

以針筒抽取橄欖油2ml與荷荷芭油1ml，置入50ml燒杯中。

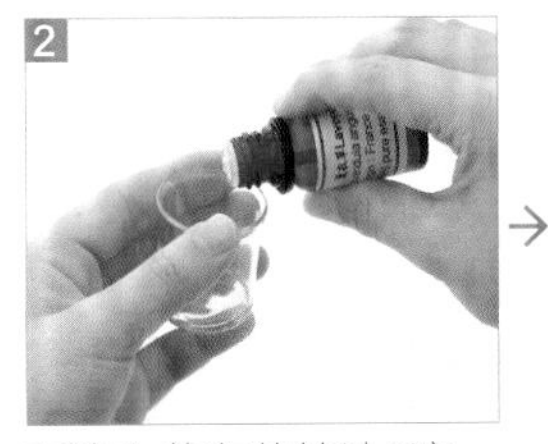

再滴入薰衣草精油3滴、甜橙精油2滴。

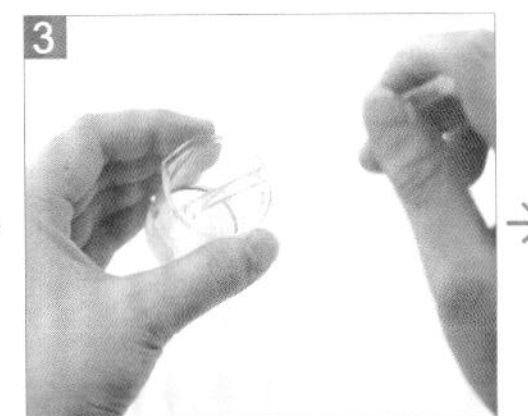

用攪拌棒將燒杯中的混合物攪拌均勻後，靜置備用。

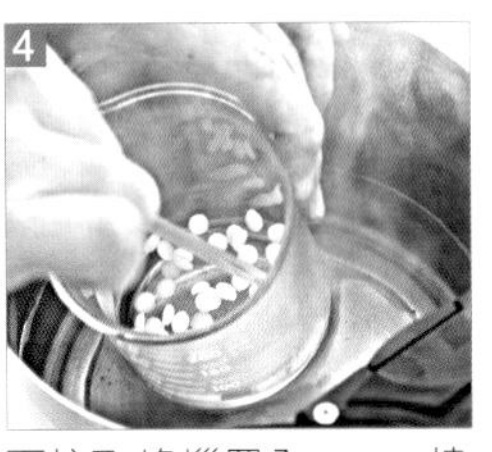

再挖取蜂蠟置入150ml燒杯中，並秤出2g後，再將燒杯移至金屬鍋中，以爐火進行隔水加熱。

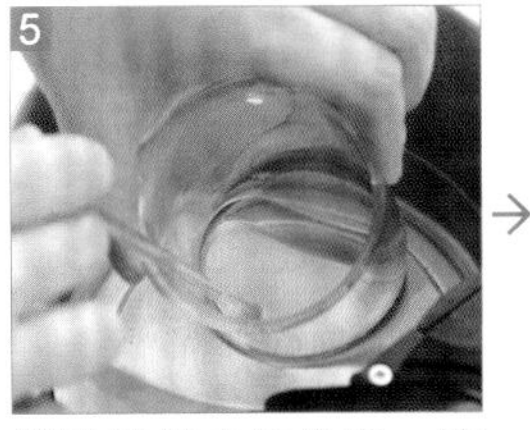

攪拌燒杯中的蜂蠟，讓蜂蠟溶化為液體。

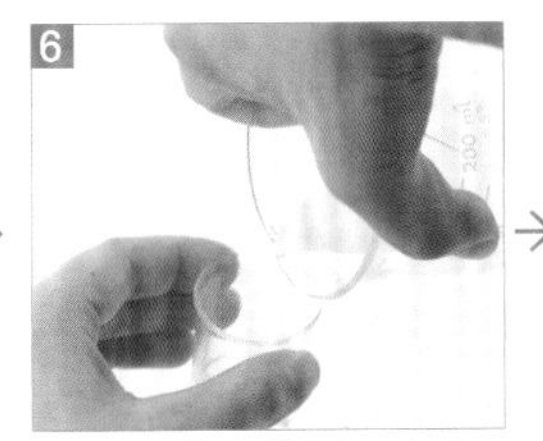

再將液體蜂蠟倒入步驟3的混合物中、拌勻，即完成唇膏液。

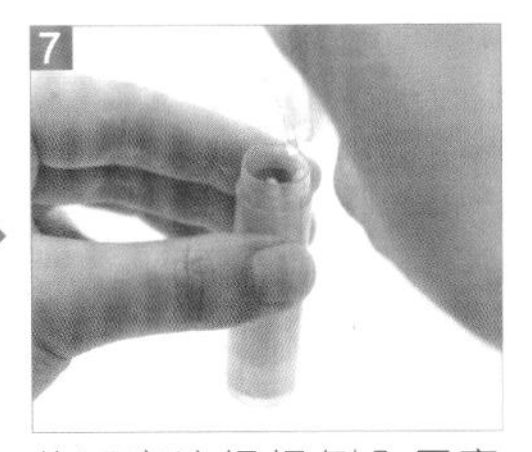

將唇膏液慢慢倒入唇膏管中，靜置10～20分鐘，直至凝固即可。

【延伸應用】

083 綠花白千層精油護唇膏

若想加強修護功能，可將配方中的甜橙精油置換成綠花白千層精油，它的抗菌力佳，並能促進局部血液循環，可達到緊實組織，以及細胞再生的功效。

084 甜馬鬱蘭精油護唇膏

可將配方中的甜橙精油換成甜馬鬱蘭精油，它具有擴張微血管的功效，在塗抹護唇膏的同時輕輕按摩雙唇，可增加局部血液循環、促進老廢角質代謝。

085 薄荷精油護唇膏

如果喜歡擦起來有清涼的感覺，可將甜橙精油換成薄荷精油。

Memo

適用膚質 所有膚質均適用

保存期限 約30天

保存方法 放置陰涼處，避免陽光直射。

使用方法 將護唇膏輕輕塗抹一層於雙唇即可，隨時可用。

貼心提醒 如果沒有瓦斯爐或電磁爐等火源，也可直接用熱水隔水加熱，只是速度很慢，溶化的時間較久。

長效鎖濕，維持水嫩美唇

086 甜橙保濕護唇膏

在護唇膏中添加帶有橘子香氣的甜橙精油，能在唇部表面形成保護膜、持續維持水潤感，並賦予細胞活力、活化唇部肌膚，讓雙唇柔軟、亮澤、有彈性，自然就很迷人！

【工具】

攪拌棒 1支
150ml燒杯 1個
電子秤 1個
金屬鍋 1個
電磁爐或瓦斯爐 1個
50ml燒杯 1個
3ml空針筒 1支
5g唇膏盒 1個

【材料】

蜂蠟 2g
荷荷芭油（液態蠟） 3ml
甜橙精油 3滴
玫瑰天竺葵精油 2滴

【作法】

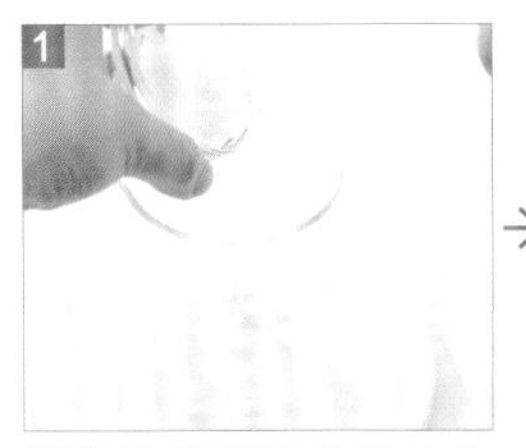

1 以攪拌棒挖取蜂蠟放入150ml燒杯中，再以電子秤正確量取所需的2g。

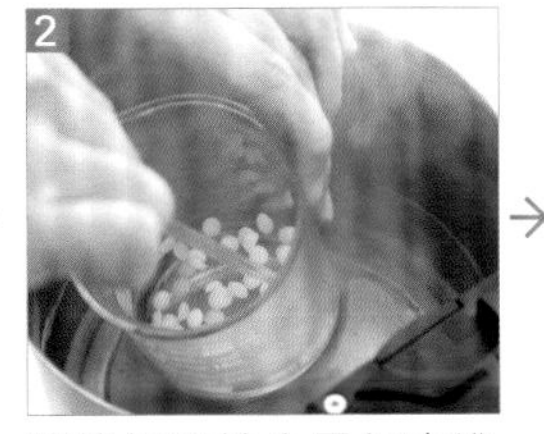

2 將燒杯置於金屬鍋中進行隔水加熱，並一邊攪拌蜂蠟。

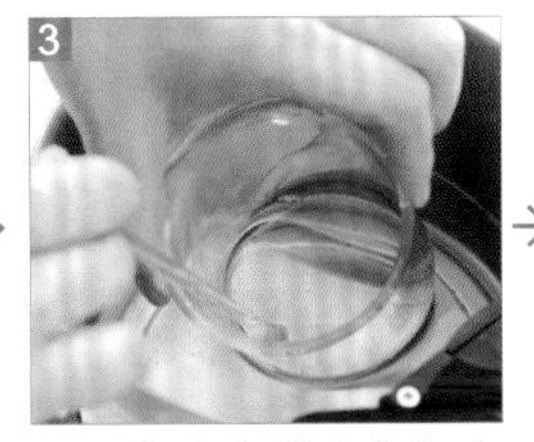

3 待杯中的蜂蠟溶化為液體後，依然靜置於熱水鍋中備用。

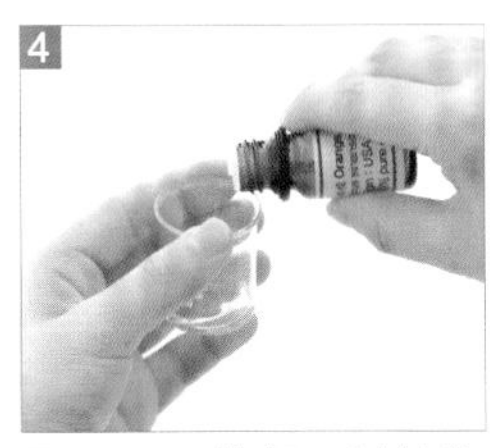

4 另取50ml燒杯，以針筒抽取荷荷芭油3ml置入，再滴入甜橙精油3滴、玫瑰天竺葵精油2滴。

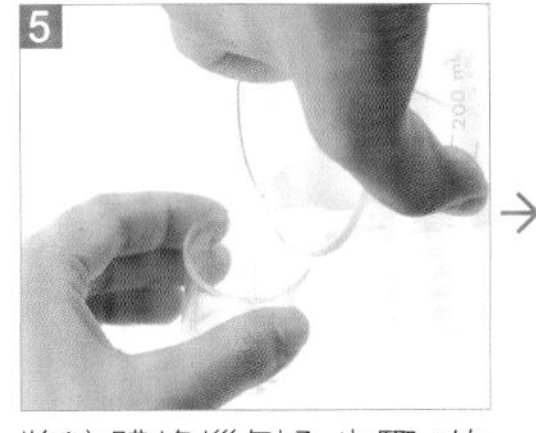

5 將液體蜂蠟倒入步驟4的燒杯中。

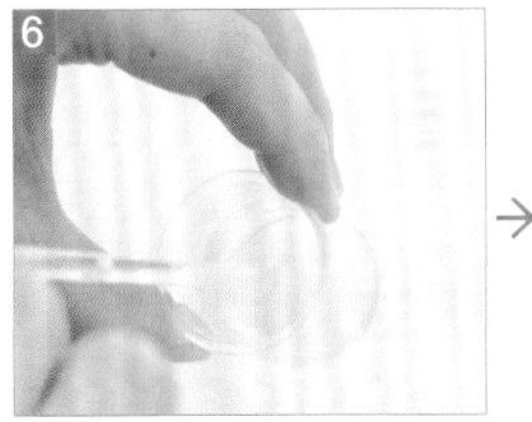

6 用攪拌棒將所有材料充分攪拌均勻，即成護唇膏液。

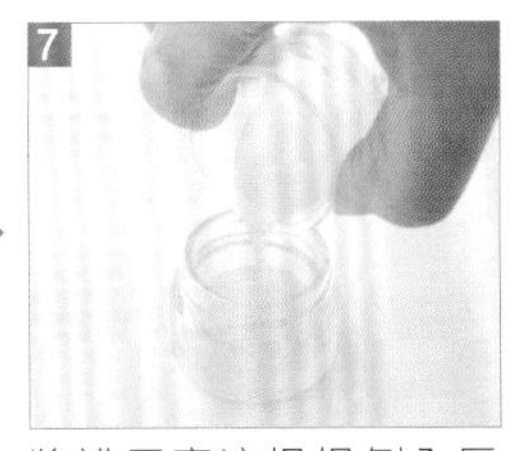

7 將護唇膏液慢慢倒入唇膏盒中，靜置10～20分鐘直至凝固為止。

【延伸應用】

087 橄欖油護唇膏
如想強保濕效果，可將配方中的荷荷芭油3ml，改為荷荷芭油及橄欖油各1.5ml。

088 依蘭依蘭精油護唇膏
玫瑰天竺葵精油可以用依蘭依蘭精油替代，除可使氣味有茉莉的花香氣息，亦具保濕功能。

089 花梨木精油護唇膏
可將玫瑰天竺葵精油換成花梨木精油，同樣具有促進細胞再生、適度減輕唇紋的功效。

090 薰衣草精油護唇膏
將玫瑰天竺葵精油換成具有抗菌、療癒效果的薰衣草精油，可促進細胞的修復，以維護雙唇的平滑水嫩。

Memo

適用膚質 所有膚質均適用
保存期限 約30天
保存方法 放置陰涼處，避免陽光直射。
使用方法 將護唇膏輕輕塗抹一層於雙唇即可，隨時可用。
貼心提醒 製作此兩款護唇膏時，如果覺得太油，可增加蜂蠟0.2g，減少荷荷芭油0.2ml；若想再滋潤些，則增加荷荷芭油0.2ml，減少蜂蠟0.2g。

促進循環，平衡分泌

091 茶樹皮脂調理按摩油

茶樹精油中含有大量天然醇類，抗菌效果良好，常被用於治療痤瘡。加入按摩油中定期保養臉部，可促進肌膚新陳代謝、改善血液循環，並調節皮脂腺分泌油脂，有效去除衰老萎縮的上皮細胞、改善痘痘肌。

【工具】

30ml避光短壓頭瓶	1個
100ml量杯	1個

【材料】

葡萄籽油	25ml
荷荷芭油（液態蠟）	5ml
茶樹精油	3滴
薰衣草精油	2滴
快樂鼠尾草精油	1滴

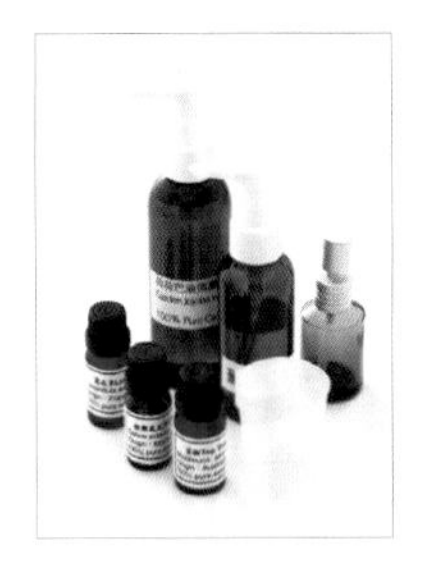

【作法】

1 將避光短壓頭瓶洗淨、拭乾。

→

2 以量杯量取葡萄籽油25ml與荷荷芭油5ml，倒入乾燥的避光短壓頭瓶中。

3 再滴入茶樹精油3滴、薰衣草精油2滴、快樂鼠尾草精油1滴。

→

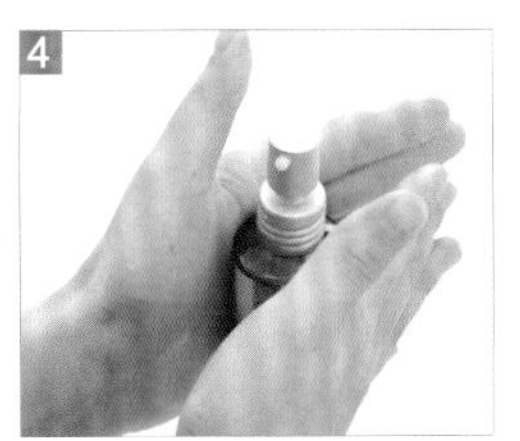

4 蓋上瓶蓋拴緊，以「前後搓滾」方式將油搖勻（勿上下晃動，以免破壞精油分子能量），即完成臉部按摩油。

【延伸應用】

Q92 葵花籽油按摩油

可將葡萄籽油換成葵花籽油，質地一樣清爽。

Q93 苦橙葉精油按摩油

如想增強鎮靜作用，可將快樂鼠尾草精油換成苦橙葉精油，它具有能消炎、收斂的成分，對於治療粉刺、青春痘有不錯的功效。

Q94 大西洋雪松綠花白千層按摩油

也可將配方中的薰衣草精油及快樂鼠尾草精油，置換成大西洋雪松精油2滴、綠花白千層精油1滴，這款配方同樣具有極佳的抗痘及控油功效，特別是大西洋雪松精油的氣味較為中性化，十分適合男性。

Memo

適用膚質 油性、混合性、敏感性

保存期限 45天

保存方法 放置乾燥無陽光直射處，使用完畢記得鎖緊瓶蓋。

使用方法
❶壓出約10元硬幣大小的按摩油後，於手心中稍加搓熱。
❷以手帶按摩油均勻輕塗於臉部。
❸以由下往上、由內而外的方式，進行臉部按摩，約2～3分鐘。
❹按摩完畢後，可用洗面皂將按摩油洗去；若不覺得油膩，也可不必去除按摩油。

貼心提醒
❶按摩前先進行去角質及清潔的工作，更能使按摩油吸收。
❷按摩時，亦可搭配刮痧板進行。

消除暗沉浮腫，重現肌膚彈力

095 甜橙煥采按摩油

正確按摩可改善臉部皮膚的呼吸功能，若在按摩油中加入具有促進發汗、幫助排毒成分的甜橙精油，能有效減緩乾燥、淡化皺紋，並達到去浮腫、緊實臉部線條的效果，讓面色呈現自然紅潤的光采。

【工具】

30ml避光短壓頭瓶 1個
100ml量杯 1個

【材料】

荷荷芭油（液態蠟）	15ml
葵花籽油	10ml
月見草油	5ml
甜橙精油	3滴
薰衣草精油	2滴
玫瑰天竺葵精油	1滴

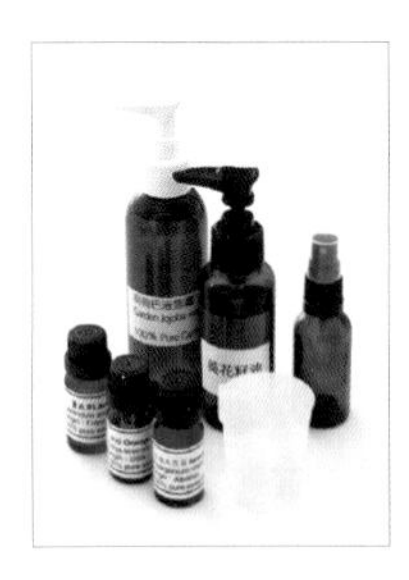

【作法】

1 將避光短壓頭瓶洗淨、拭乾。

2 以量杯量取荷荷芭油15ml、葵花籽油10ml與月見草油5ml，倒入避光短壓頭瓶中。

3 再滴入甜橙精油3滴、薰衣草精油2滴、玫瑰天竺葵精油1滴。

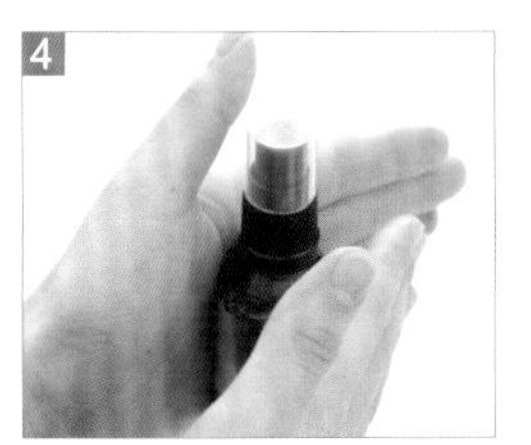

4 蓋上瓶蓋拴緊，以「前後搓滾」方式將油搖勻（勿上下晃動，以免破壞精油分子能量），即完成臉部按摩油。

【延伸應用】

Q96 荷荷芭油按摩油
如果沒有月見草油，則將配方中的荷荷芭油直接加到20ml。

Q97 花梨木精油按摩油
針對熟齡肌膚，可將薰衣草精油換成花梨木精油，因為除了同樣具有消炎、抗菌的功能，它還能促進細胞再生，加上溫和、不刺激的特性，十分適合老化皮膚使用。

Q98 甜馬鬱蘭精油按摩油
若想放鬆臉部肌肉，可將玫瑰天竺葵精油換成甜馬鬱蘭精油，它能放鬆肌肉緊繃感，促進肌膚新陳代謝，改善暗沉。

Memo

適用膚質 中性、乾性、混合性

保存期限 45天

保存方法 放置乾燥無陽光直射處，使用完畢記得鎖緊瓶蓋。

使用方法 ❶壓出約10元硬幣大小的按摩油後，於手心中稍加搓熱。
❷以手帶按摩油均勻輕塗於臉部。
❸以由下往上、由內而外的方式，進行臉部按摩，約2～3分鐘。
❹按摩完畢後，可用洗面皂將按摩油洗去；若不覺得油膩，也可不必去除按摩油。

貼心提醒 ❶按摩前先進行去角質及清潔的工作，更能使按摩油吸收。
❷按摩時，亦可搭配刮痧板進行。

阻絕揮發，瞬間鎖水

099 檸檬美白保濕面膜

敷臉美膚的原理，在於暫時阻隔空氣，讓肌膚在密閉狀態下增加表面溫度、提升局部新陳代謝速率，一方面可讓面膜中的養分更易被皮膚吸收，另一方面也可降低肌膚水分揮發的速度。在面膜中加入具有抗菌、美白成分的檸檬精油，更可同時達到淨化肌膚、淡化斑點的功效！

【工具】

攪拌棒	1支
100ml量杯	1個
電子秤	1個
250ml燒杯	1個
40g面霜罐	1個

【材料】

高嶺土面膜粉	12g
玫瑰土面膜粉	8g
純水	20ml
月見草油	1滴
檸檬精油	1滴

【作法】

以攪拌棒將高嶺土面膜粉撥入量杯，再將量杯放在電子秤上，正確量取所需的12g。

將量好的高嶺土面膜粉倒入燒杯中備用。

以同樣方式秤出玫瑰土面膜粉8g，然後倒入燒杯中。

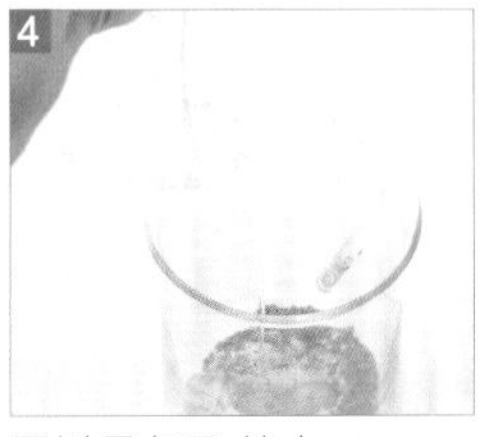

再以量杯取純水20ml，同樣倒入燒杯。

將燒杯內的所有材料充分攪拌均勻。

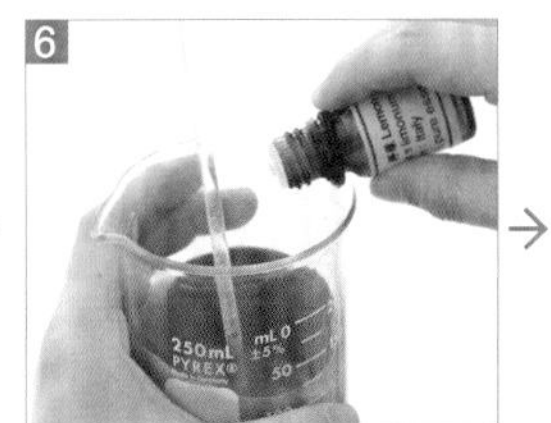

再滴入月見草油及檸檬精油各1滴。

攪拌均勻後，即完成面膜膏，以攪拌棒將成品撥入面霜罐中存放。

【延伸應用】

100 薰衣草精油面膜
針對痘痘、痤瘡型肌膚，可將檸檬精油換成薰衣草精油，因為它具有極佳的抑菌、抗發炎的功效，並能淡化疤痕。

101 乳香精油面膜
針對熟齡肌，可將檸檬精油換成具有淡化皺紋功效的乳香精油，有助老化肌恢復平滑光澤。

102 花梨木精油面膜
針對乾燥敏感型肌膚，可將檸檬精油換成花梨木精油，它除了具有抗敏、抗發炎的成分，也兼具保濕成分，對於改善乾燥敏感、發癢發炎的皮膚很有幫助。

Memo

適用膚質 中性、乾性、混合性

保存期限 約3～5天

保存方法 放置陰涼處，並避免陽光直射。

使用方法
❶將臉洗淨、稍微擦乾後，取適量面膜膏均勻塗抹於全臉。
❷讓面膜在臉上停留約3～5分鐘後，以清水沖掉即可。
❸如果怕太乾，可先用純水浸濕面膜紙，在臉部敷上面膜泥，再敷面膜紙。

深層清潔，吸附油脂

103 迷迭香綠礦泥抗痘面膜

油性[illegible]可在敷臉時加強調[illegible]脂。這款面膜使用富含礦物質的綠礦泥，具有吸附多餘油脂、溫和去除角質的功能，加上迷迭香精油能消炎、鎮定，收斂效果極佳，十分適合用來進行抗痘保養。

【工具】

100ml量杯 1個
電子秤 1個
攪拌棒 1支
250ml燒杯 1個
40g面霜罐 1個

【材料】

高嶺土面膜粉 12g
綠礦泥面膜粉 8g
純水 20ml
月見草油 1滴
迷迭香精油 1滴

【作法】

1 將高嶺土面膜粉以攪拌棒撥入量杯，再置於電子秤上正確量取所需的12g後，倒入燒杯中。

2 用同樣方式，量取綠礦泥面膜粉8g。

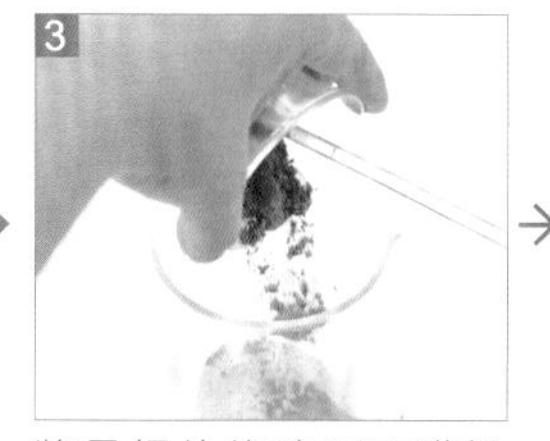

3 將量好的綠礦泥面膜粉倒入已置有高嶺土面膜粉的燒杯中。

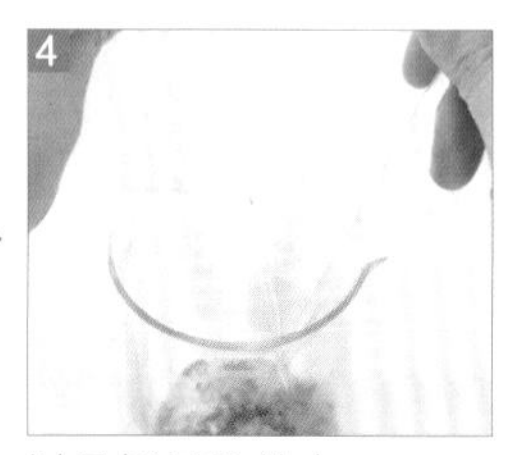

4 以量杯量取純水20ml，倒入燒杯。

5 將燒杯內的所有材料充分攪拌均勻。

6 再滴入月見草油及迷迭香精油各1滴。

7 攪拌均勻後，即完成面膜膏，以攪拌棒將成品撥入面霜罐中存放。

【延伸應用】

104 茶樹精油面膜
如想增強抗菌功能，可將迷迭香精油換成具有多種天然醇類成分的茶樹精油，有助痘痘肌膚避免感染。

105 苦橙葉精油面膜
將迷迭香精油換成苦橙葉精油，可刺激代謝、促進皮脂分解，特別適合調理毛孔粗大、分泌旺盛的皮膚。

106 大西洋雪松精油面膜
也可將迷迭香精油以大西洋雪松精油替換，同樣具有殺菌、消毒的成分，並能收斂、調理毛孔。

Memo

適用膚質 中性、油性、混合性
保存期限 約3～5天
保存方法 放置陰涼處，並避免陽光直射。
使用方法 同P99
貼心提醒 ❶如果覺得此款面膜太乾，調製時可再加1ml荷荷芭油。
❷此兩款面膜調好一次約可敷1～2次，由於不易保存，所以不建議大量調製。

保濕潤滑，延緩老化

107 羅馬洋甘菊防皺眼膜

羅馬洋甘菊精油是較溫和的精油之一，具有極佳的護膚功能，用於眼部保養，可增加肌膚活性、提高肌膚含水量，提供良好的保濕潤滑作用，讓眼周肌膚青春、有彈性，並減少黑眼圈及細紋的形成。

【工具】

100ml燒杯	1個
電子秤	1個
攪拌棒	1支
100ml量杯	1個
玻璃盤	1個
塑膠密封保鮮盒	1個

【材料】

高分子聚合膠（凝膠）	2g
純水	20ml
植物性甘油	1滴（約1 ml）
羅馬洋甘菊精油	4滴
眼膜紙	1對

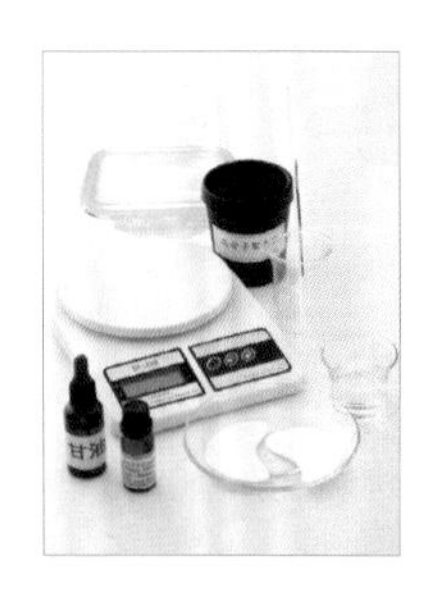

【作法】

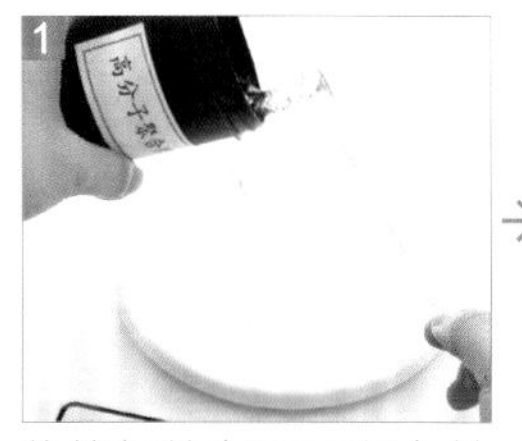

1 將燒杯放在電子秤上並將秤歸零後，以攪拌棒將高分子凝膠撥入燒杯中，量取所需要的2g。

→

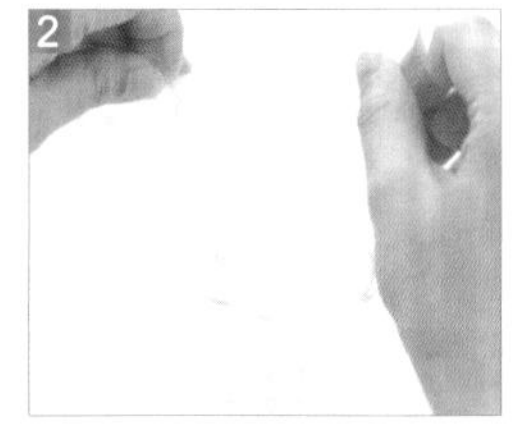

2 以量杯量取純水，分次慢慢倒入燒杯，與高分子凝膠加以攪拌融合。

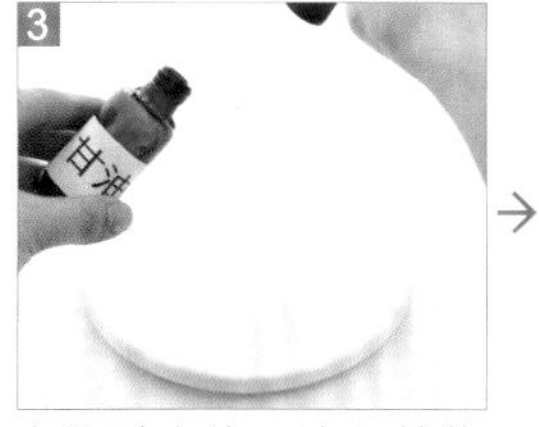

3 完全融合後，滴入植物性甘油1滴。

→

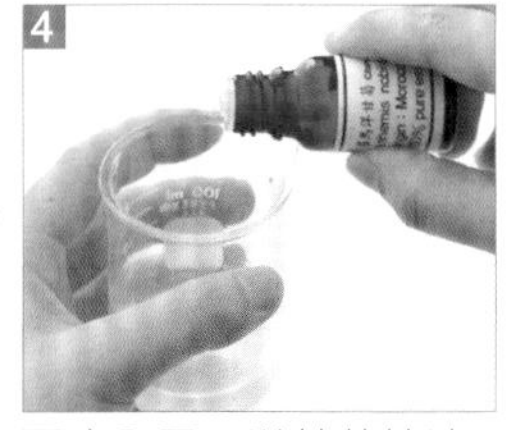

4 再滴入羅馬洋甘菊精油4滴（此時凝膠會變得混濁，乃正常現象），加以攪拌均勻後，即完成精華液。

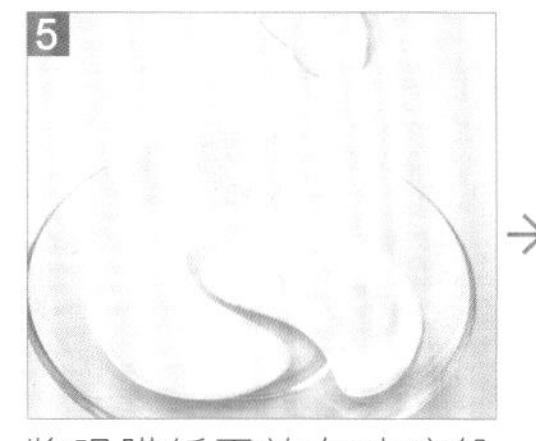

5 將眼膜紙平放在玻璃盤中，然後將精華液倒在眼膜紙上。

→

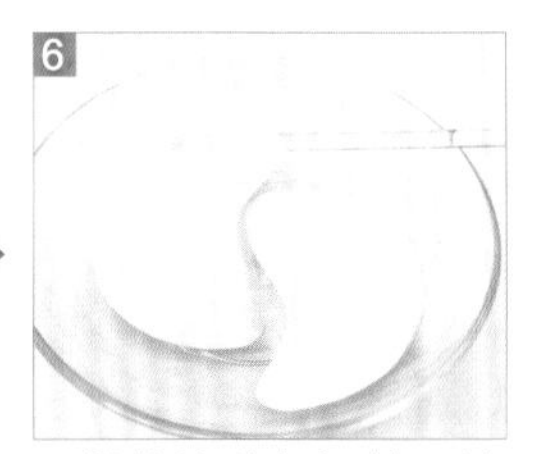

6 用攪拌棒稍加調拌，讓精華液在眼膜紙上均勻分布、吸收，再將完成的眼膜置於密封保鮮盒中存放。

【延伸應用】

108 花梨木精油眼膜
針對乾敏、易發炎的肌膚，可用花梨木精油取代羅馬洋甘菊精油，皆有消炎、抗敏的功效，能緩和過敏、充分保濕，提供極佳平衡效果。

109 乳香精油眼膜
針對熟齡肌膚，可採用乳香精油取代羅馬洋甘菊精油，它能促進細胞再生、增加肌膚彈性，有助抗老。

Memo

適用膚質 所有膚質均適用

保存期限 放在保鮮盒中可放7天，未放保鮮盒約1～2天。

保存方法 置於避免陽光直射處，但最好放在冰箱內冷藏，除有助保存，同時，冰過的眼膜對於浮腫的眼睛也有較好的舒緩效果。

使用方法 ❶將眼膜從冰箱中取出，從眼頭向眼尾的方向，敷在眼睛下面眼袋。
❷停留約3～5分鐘、約八分乾後，即拿掉眼膜，並擦上適量眼霜，讓眼部肌膚得到滋潤，避免皺紋。
❸建議一週最多兩次即可。另外，也不可敷過久甚至敷著眼膜睡覺，以免眼膜中的精華液全部揮發後帶走肌膚中的水分，反倒形成乾燥。

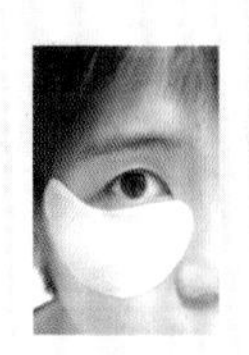

促進循環，排毒消腫

110 玫瑰天竺葵緊實眼膜

玫瑰天竺葵精油具加強血液循環、促進代謝排毒的功效，加在眼膜中進行日常保養，可活化眼周細胞、消除浮腫現象，讓眼部肌膚呈現平滑緊實的狀態，讓你遠離「泡泡眼」的威脅！

【工具】

100ml燒杯	1個
電子秤	1個
攪拌棒	1支
100ml量杯	1個
玻璃盤	1個
塑膠密封保鮮盒	1個

【材料】

高分子聚合膠（凝膠）	2g
純水	20ml
植物性甘油	1滴（約1ml）
玫瑰天竺葵精油	4滴
眼膜紙	1對

【作法】

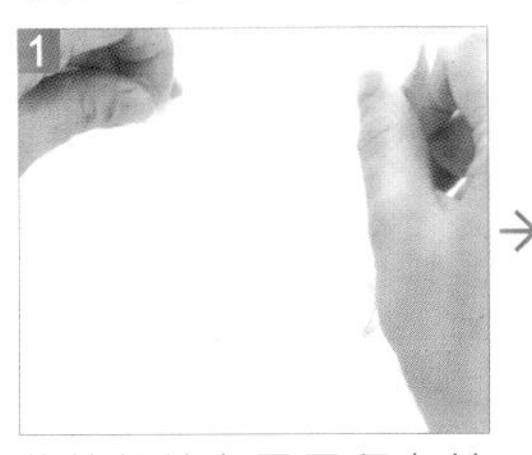

1 將燒杯放在電子秤上並將秤歸零後，以攪拌棒將高分子凝膠撥入燒杯中，量取所需要的2g。

2 以量杯量取純水，分次慢慢倒入燒杯，與高分子凝膠加以攪拌融合。

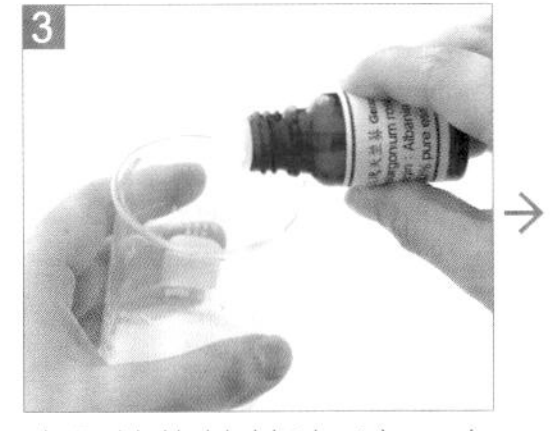

3 滴入植物性甘油1滴、玫瑰天竺葵精油4滴。

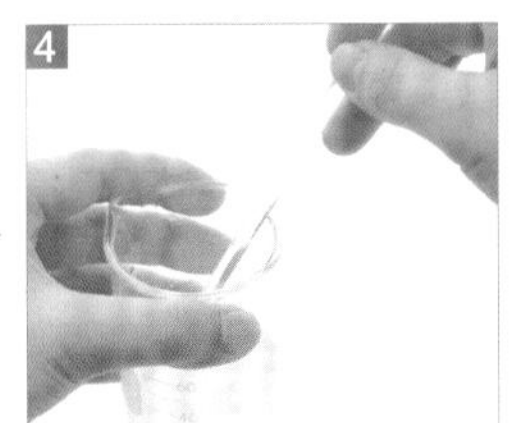

4 將所有材料攪拌均勻，即完成精華液。

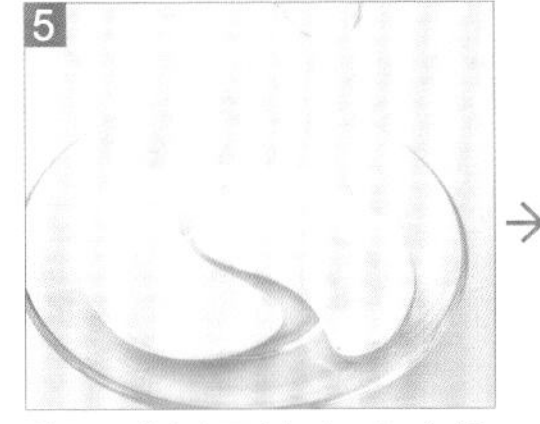

5 將眼膜紙平放在玻璃盤中，然後將精華液倒在眼膜紙上。

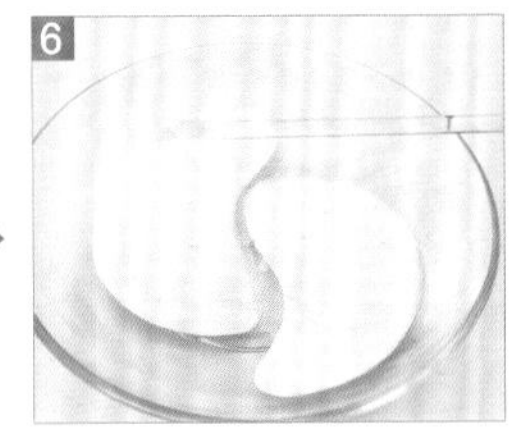

6 用攪拌棒稍加調拌，讓精華液在眼膜紙上均勻分布、吸收，再將完成的眼膜置於密封保鮮盒中存放。

【延伸應用】

01 玫瑰草精油眼膜

如想加強保濕功能及撫平細紋，可用玫瑰草精油代替玫瑰天竺葵精油，它能刺激細胞新生，並有效鎖水。

02 依蘭依蘭精油眼膜

也可將玫瑰天竺葵精油換成依蘭依蘭精油，一樣具鎮靜效果，並含潤澤、抗皺成分，能預防肌膚、老化鬆弛。

Memo

適用膚質 中性、油性、乾性、混合性

保存期限 放在冰箱中可放7天，未放冰箱中約1～2天。

保存方法 置於避免陽光直射處，但最好放在冰箱內冷藏，除有助保存，同時，冰過的眼膜對於浮腫的眼睛也有較好的舒緩效果。

使用方法 同P103

貼心提醒 ❶此兩款眼膜調好眼膜液後可先在手背上試試質地，如覺太稠就加水，太水就再加一點凝膠，但一次只加一點點，避免失敗。眼膜液也可倒在面膜紙上，即可做為面膜使用。
❷自製眼膜如果發現上面有懸浮物，表示有可能發霉，就不要再用了。

PART 4

自己做！超好用的【身體保養用品】48款

——沐浴・美髮・纖體・護膚，讓全身都漂亮！

臉蛋清潔保養做好了，
其他地方也要照顧得美美的，
頭髮、手、腳、身體……
全方位面面俱到的呵護，
是女人寵愛自己的表現。

抗菌止癢，鎮靜頭皮

113 羅馬洋甘菊抗敏洗髮精

頭皮乾燥、敏感，易有發癢、脫屑的狀況發生，在洗髮精中加入具有鎮靜、抗發炎成分的羅馬洋甘菊精油，能有效抗菌、止癢，並抑制感染，讓頭皮得到安撫與舒緩！

【工具】

100ml量杯	1個
250ml燒杯	1個
攪拌棒	1支
100ml避光壓頭瓶	1個

【材料】

氨基酸起泡劑	20ml
兩性界面活性劑	15ml
椰子油增稠劑	10ml
植物性甘油	5滴（約5ml）
荷荷芭油（液態蠟）	10ml
純水	40ml
羅馬洋甘菊精油	12滴
薰衣草精油	8滴

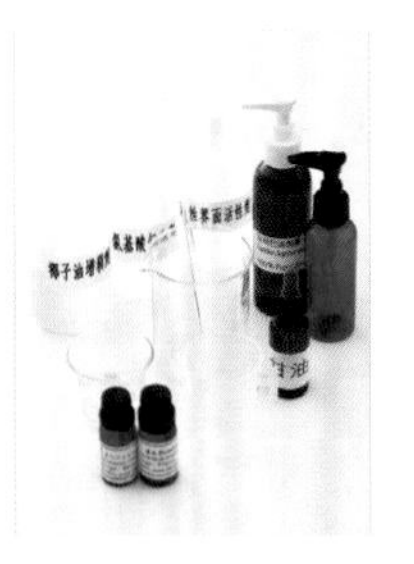

【作法】

1.

以量杯分別量取氨基酸起泡劑、兩性界面活性劑，倒於燒杯內。

2.
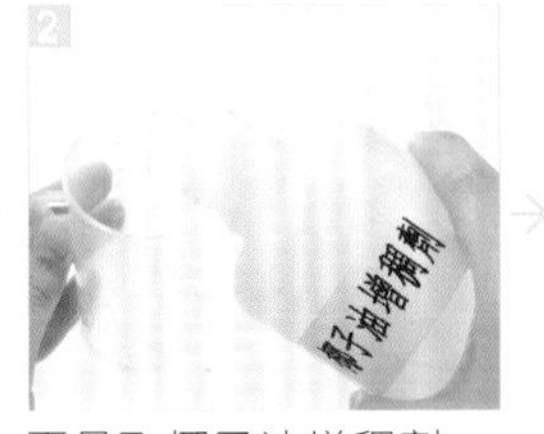
再量取椰子油增稠劑10ml，同樣倒入燒杯。

3.
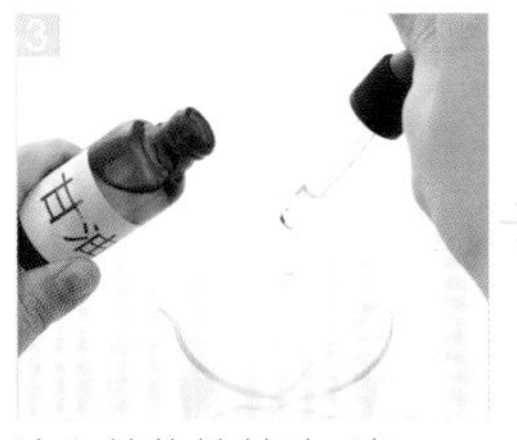
滴入植物性甘油5滴。

4.

再量取荷荷芭油10ml，倒入燒杯。

5.
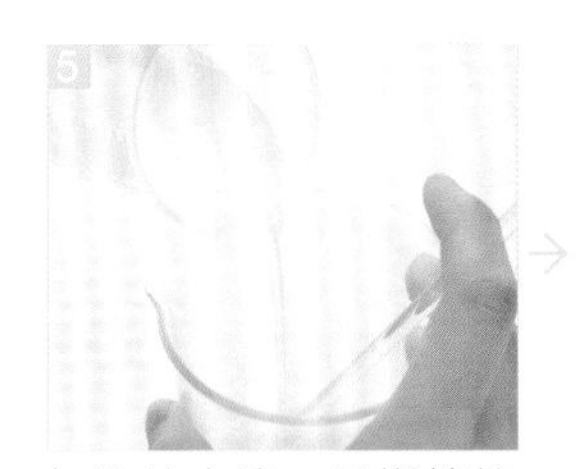
加入純水後，用攪拌棒將所有材料攪拌均勻。

6.

再滴入羅馬洋甘菊精油12滴、薰衣草精油8滴，即完成洗髮精。

7.

將洗髮精倒入避光瓶中，並蓋上瓶蓋拴緊，再以「前後搓滾」的方式搖勻即可。

【延伸應用】

快樂鼠尾草精油洗髮精
可將羅馬洋甘菊精油換成快樂鼠尾草精油，它能降低皮脂分泌，並且減少頭皮屑的發生。

薄荷精油洗髮精
如想加強止癢功效，可將薰衣草精油換成薄荷精油，它除了具有清涼效果，並能清潔頭皮、避免毛囊阻塞。

花梨木精油洗髮精
針對較為敏感的頭皮，可將薰衣草精油換成花梨木精油，它具有溫和不刺激的特性，而且同樣具有消毒、殺菌的功效。

Memo

適用膚質 中性、乾性、混合性、敏感性

保存期限 30天

保存方法 需放置於陰涼處，並且避免陽光直射。

使用方法
1. 以溫水濕潤頭髮。
2. 取適量洗髮精於手掌，加水搓揉起泡後，以指腹按摩、清潔頭髮及頭皮。
3. 去除泡沫後，重複上述動作並沖水。

貼心提醒 如果不習慣或不喜歡濃稠的洗髮精，可不加（或酌量添加）椰子油增稠劑。

溫和鎮定，舒緩緊繃

117 甜橙紓壓洗髮精

香氣清新的甜橙精油具有溫和的鎮定作用，並具殺菌成分，加入洗髮精中，能調理頭皮、刺激健康的細胞再生，在清潔之餘達到放鬆、紓壓的功效，讓頭皮也能輕輕鬆鬆享受一場 SPA！

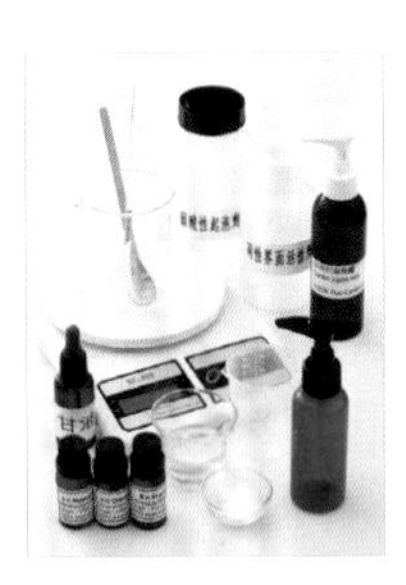

【工具】

工具	數量
100ml量杯	1個
250ml燒杯	1個
量匙	1支
玻璃碟	2個
電子秤	1個
攪拌棒	1支
100ml避光壓頭瓶	1個

【材料】

材料	份量
弱酸性起泡劑	20ml
兩性界面活性劑	15ml
鹽	5g
植物性甘油	5滴（約5ml）
荷荷芭油（液態蠟）	10ml
純水	50ml
甜橙精油	9滴
薰衣草精油	6滴
薄荷精油	5滴

【作法】

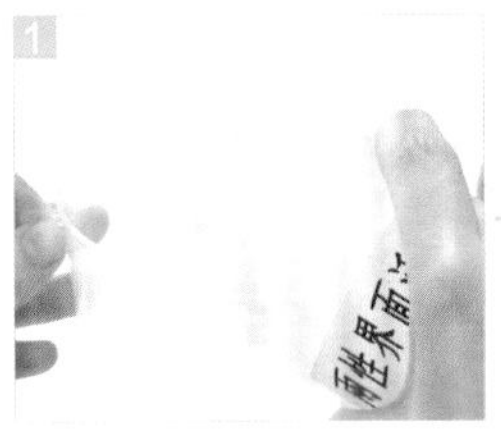

1 以量杯量取弱酸性起泡劑、兩性界面活性劑，倒於燒杯內備用。

2 再以量匙挖鹽，置入玻璃碟後，放在電子秤上，正確量取所需的5g，並倒入燒杯。

3 滴入植物性甘油5滴。

4 再以量杯量取荷荷芭油10ml倒入燒杯。

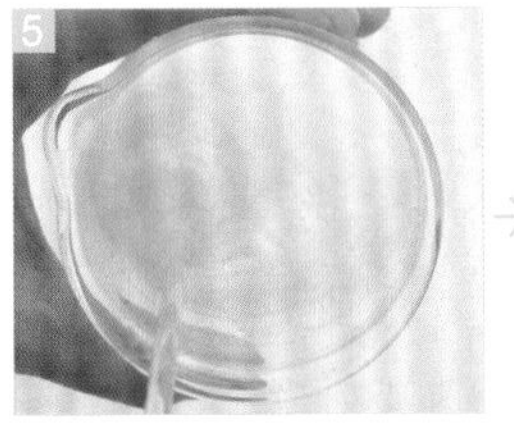

5 加入純水後，用攪拌棒將所有材料攪拌均勻。

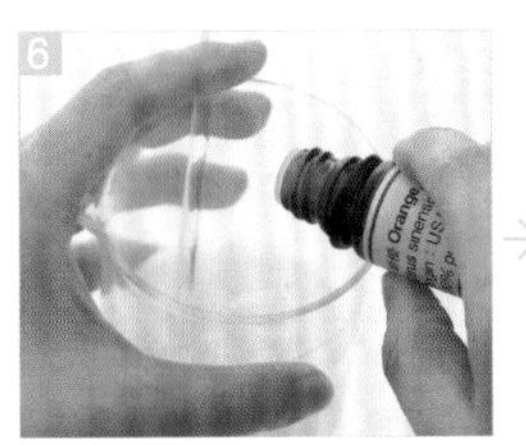

6 再滴入甜橙精油9滴、薰衣草精油6滴、薄荷精油5滴，即完成洗髮精。

7 將洗髮精倒入避光瓶中，並蓋上瓶蓋拴緊，再以「前後搓滾」的方式搖勻即可。

【延伸應用】

228 佛手柑精油洗髮精

若頭皮發炎，可將甜橙精油換成佛手柑精油，它的抑菌效果佳，並能保護頭皮。

229 依蘭依蘭精油洗髮精

如果喜歡花香調，可將薰衣草精油換成依蘭依蘭精油，它不但香氣醇厚，而且具有平衡油脂的功能，無論乾性或油性頭皮都適用。

230 澳洲尤加利精油洗髮精

如果不喜歡薄荷的味道，可採用澳洲尤加利精油取代，它同樣具有極佳的殺菌功效，可維持頭皮清新。

Memo

適用膚質 中性、油性、混合性

保存期限 30天

保存方法 需放置於陰涼處，並且避免陽光直射。

使用方法 同P109

貼心提醒 ❶配方中的鹽分是為了增加稠度，正常量約5～10g，太多或太少都有可能使洗髮精不夠濃稠。

❷此兩款自製洗髮精靜置後，若有分離成兩層的現象乃屬正常，只要搖勻再用即可。

促進血脈通暢，緩和安撫鎮定

121 薰衣草紓壓頭皮按摩油

薰衣草精油的用途極廣，更是最佳的按摩油成分之一。它能舒緩肌肉疼痛、消除充血腫脹，用於頭皮按摩，更能有效刺激穴道、帶動血脈通暢的作用，能讓壓力充分獲得釋放，達到鎮定安撫的目的！

【工具】

30ml避光短壓頭瓶 1個

【材料】

材料	用量
薰衣草精油	3滴
葡萄柚精油	2滴
羅馬洋甘菊精油	1滴
荷荷芭油（液態蠟）	30ml

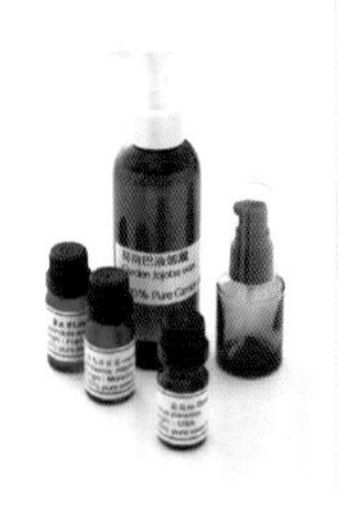

【作法】

1 將避光短壓頭瓶洗淨、拭乾。

2 於瓶中滴入薰衣草精油3滴、葡萄柚精油2滴、羅馬洋甘菊精油1滴。

3 再倒入荷荷芭油，直至瓶子裝滿即可。

4 蓋上瓶蓋拴緊，以「前後搓滾」的方式搖勻，即完成頭皮按摩油。

【延伸應用】

甜馬鬱蘭精油頭皮按摩油

如想加強放鬆效果，可將葡萄柚精油換成甜馬鬱蘭精油，它具有擴張血管、促進血液循環的功效，並能帶動排除有毒廢物。

薄荷精油頭皮按摩油

也可將葡萄柚精油換成薄荷精油，它獨特的清涼成分有助提振精神、緩解腦壓。

大西洋雪松精油頭皮按摩油

若較喜歡樹木森林的味道，可將羅馬洋甘菊精油換成大西洋雪松精油，它的氣味較陽剛，而且具有調合及振奮神經的功效，可減少壓力和緊張，並可以有效改善頭皮屑。

花梨木鎮靜頭皮按摩油

如因壓力太大造成頭痛，可將羅馬洋甘菊精油換成花梨木精油，它是溫和的止痛劑，亦能有效消除頭痛，並可鎮靜神經、使頭腦清醒。

Memo

適用膚質 所有膚質均適用

保存期限 45天

保存方法 放置乾燥無陽光直射處，使用完畢記得鎖緊瓶蓋。

使用方法
1. 壓出約50元硬幣大小的按摩油於手心，並稍加搓熱，使易吸收。
2. 以雙手指腹從頭頂到前額、再從頭頂往兩側的方向進行輕壓按摩。
3. 最後從頭頂往後腦、由上往下再按一按。
4. 完成後，以溫水及洗髮精將按摩油洗淨即可。

激活毛囊細胞，維護健康髮絲

126 迷迭香活化頭皮按摩油

迷迭香是最早被用於醫藥的植物之一，除了具有良好的殺菌及止痛效果，也常被用來保養皮膚及頭髮。用於頭皮按摩，更可達到刺激毛囊活化、促進髮色光亮、減少髮絲掉落的功效！

【工具】

30ml避光短壓頭瓶　1個

【材料】

材料	用量
迷迭香精油	3滴
甜橙精油	2滴
薰衣草精油	1滴
荷荷芭油（液態蠟）	30ml

【作法】

1

將避光短壓頭瓶洗淨、拭乾。

2

於瓶中滴入迷迭香精油3滴、甜橙精油2滴、薰衣草精油1滴。

再倒入荷荷芭油，直至瓶子裝滿即可。

4

蓋上瓶蓋拴緊，以「前後搓滾」的方式搖勻，即完成頭皮按摩油。

【延伸應用】

快樂鼠尾草精油頭皮按摩油

若頭皮容易出油，可將甜橙精油換成快樂鼠尾草精油，它對降低頭皮部位的皮脂分泌特別有效，並可改善頭皮屑的問題。

佛手柑精油頭皮按摩油

也可將甜橙精油換成佛手柑精油，它除了具有極佳的抑菌效果、可防止頭皮感染，還能緩解精神緊張。

花梨木精油頭皮按摩油

若頭皮較敏感，可將薰衣草精油換成花梨木精油，它具有溫和、不刺激的特性，並具消毒、殺菌的功能，任何膚質都適用。

Memo

適用膚質 中性、混合性、乾性

保存期限 45天

保存方法 放置乾燥無陽光直射處，使用完畢記得鎖緊瓶蓋。

使用方法 同P113

貼心提醒 使用此兩款頭皮按摩油按摩時，也可搭配頭皮按摩器按摩或牛角梳進行，或者想加深精油滲透效果，可於按摩動作後以毛巾包覆整個頭部，並用吹風機稍微加熱1～2分鐘後，沖掉按摩油。

天然抗菌消炎，去除背部痘痘

130 茶樹抗痘沐浴乳

背部油脂分泌旺盛，容易有長痘痘的困擾，在沐浴用品中加入含天然抗菌成分的茶樹精油，能有效抑制感染、舒緩毛孔發炎狀況，讓背部痘瘡不再惡化！

【工具】

100ml量杯	1個
250ml燒杯	1個
玻璃碟	2個
量匙	1支
電子秤	1個
攪拌棒	1支
100ml避光壓頭瓶	1個

【材料】

弱酸性起泡劑	30ml
鹽	5g
植物性甘油	5滴（約5ml）
荷荷芭油	10ml
葵花籽油	5ml
純水	50ml
茶樹精油	12滴
薰衣草精油	10滴
檸檬精油	8滴

【作法】

1

以量杯量取弱酸性起泡劑，倒入燒杯備用。

2

用量匙挖取鹽盛入玻璃碟中，並放在電子秤上量取所需的5g後，同樣倒入燒杯。

3
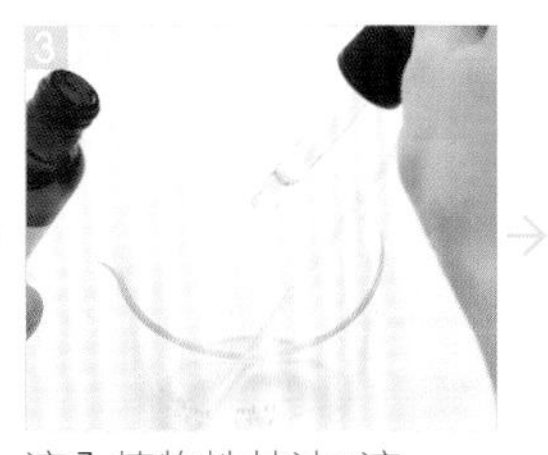
滴入植物性甘油5滴。

4

再以量杯量取荷荷芭油10ml、葵花籽油5ml，倒入燒杯後，以攪拌棒攪拌均勻。

5
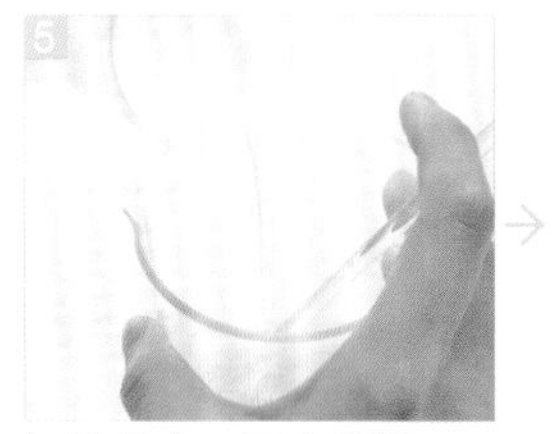
加入純水，再次攪拌。

6

再滴入茶樹精油、薰衣草精油、檸檬精油，攪拌後，即完成沐浴乳。

7

將沐浴乳倒入避光瓶，並蓋上瓶蓋拴緊，再以「前後搓滾」的方式搖勻即可。

【延伸應用】

大西洋雪松精油沐浴乳

可將茶樹精油換成具有樹林氣味的大西洋雪松精油，它有絕佳的收斂效果，並且具調理油脂的作用。

花梨木精油沐浴乳

如想增強提升免疫力的功效，可將薰衣草精油換成花梨木精油，它還能促進細胞再生，並可淡化痘疤。

薄荷精油沐浴乳

如果喜歡清涼的感覺，可將檸檬精油換成薄荷精油，它也可清潔，有助清除毛孔阻塞。

Memo

適用膚質 中性、油性、混合性

保存期限 30天

保存方法 放置於陰涼處，並避免陽光直射。

使用方法 ①取適量沐浴乳，置於手掌或沐浴球。
②加水稍加搓揉，待沐浴乳起泡後，再用於身體進行清潔。

貼心提醒 配方中的鹽是為了增加稠度，如果不習慣或不喜歡沐浴乳太濃稠，可不添加或酌量添加。

平衡皮脂分泌，溫和清潔潤澤

134 玫瑰天竺葵絲滑沐浴乳

玫瑰天竺葵精油氣味清香，又具殺菌、收斂成分，能刺激淋巴系統作用、平衡油脂分泌，用於沐浴乳中，不但能有效清潔、抗菌，還能達到滋潤、保養的功效，對於任何類型的肌膚都適用。

【工具】

100ml量杯	1個
250ml燒杯	1個
3ml空針筒	1支
攪拌棒	1支
100ml避光壓頭瓶	1個

【材料】

氨基酸起泡劑	30ml
椰子油增稠劑	8ml
植物性甘油	5滴（約5ml）
荷荷芭油（液態蠟）	10ml
純水	50ml
玫瑰天竺葵精油	12滴
薰衣草精油	10滴
甜橙精油	8滴

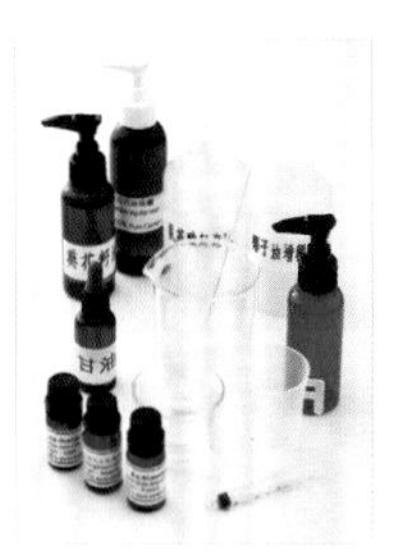

【作法】

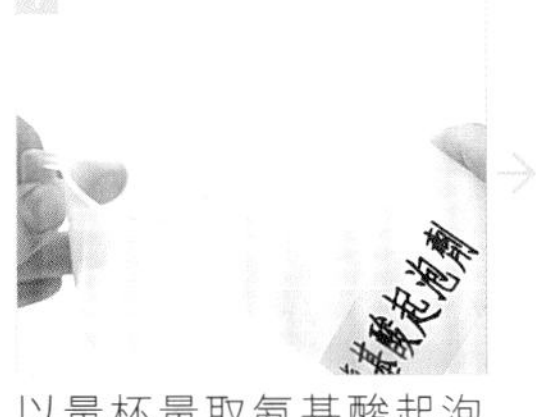

1 以量杯量取氨基酸起泡劑，倒於燒杯內備用。

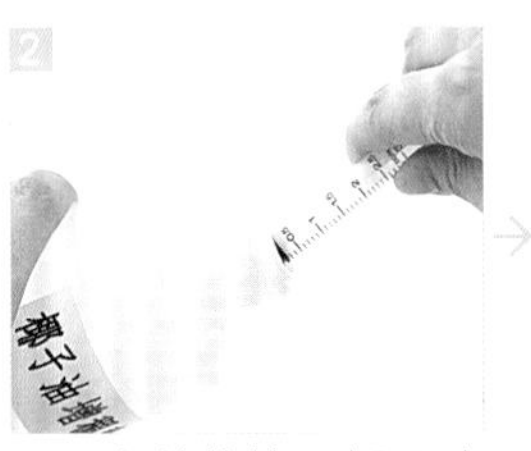

2 再用空針筒抽取椰子油增稠劑，滴入燒杯內。

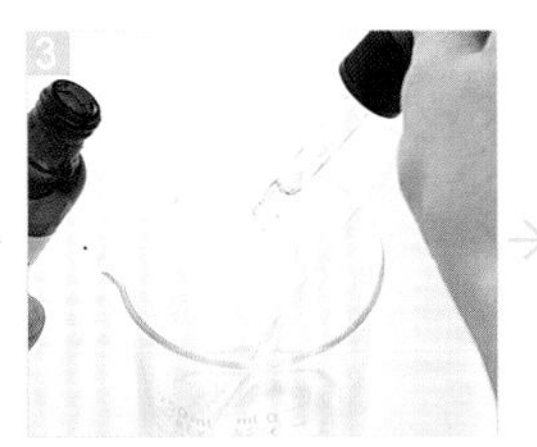

3 滴入植物性甘油5滴。

4 再以量杯量取荷荷芭油10ml，倒入燒杯後，用攪拌棒將所有材料充分拌勻。

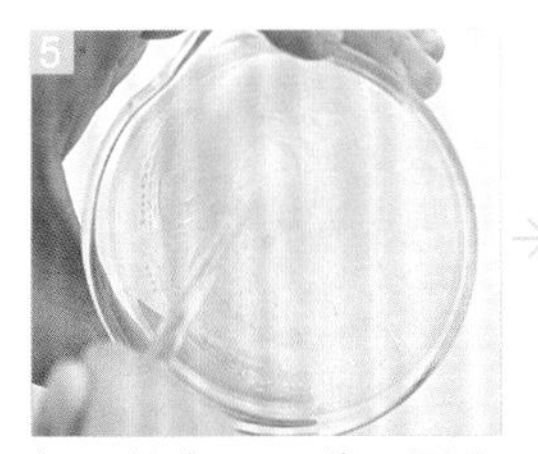

5 加入純水50ml後，再次攪拌。

6 再滴入玫瑰天竺葵精油、薰衣草精油、甜橙精油，攪拌均勻後，即完成沐浴乳。

7 將沐浴乳倒入避光瓶，並蓋上瓶蓋拴緊，再以「前後搓滾」的方式搖勻即可。

【延伸應用】

依蘭依蘭精油沐浴乳
可將玫瑰天竺葵精油換成依蘭依蘭精油，它具有溫和的調節作用，能促進皮脂分泌平衡。

花梨木溫和沐浴乳
針對敏感形肌膚，可將薰衣草精油換成花梨木精油，它無毒、無刺激性，並具消毒、殺菌的清潔功效。

乳香精油沐浴乳
針對熟齡肌膚，可將甜橙精油換成乳香精油，它能改善皮膚鬆弛、促進彈性恢復，特別適用於老化的皮膚。

Memo

適用膚質 中性、油性、混合性、敏感性
保存期限 30天
保存方法 放置於陰涼處，並避免陽光直射。
使用方法 同P117
貼心提醒
1. 如果不習慣或不喜歡沐浴乳太濃稠，可不加（或酌量添加）椰子油增稠劑。
2. 本書兩款自製沐浴乳靜置一陣子後，如有分離成兩層的現象，乃屬正常，只要搖勻再用即可。

排毒兼淨化，泡出嫩滑肌

138 葡萄柚玫瑰浴鹽

葡萄柚精油能刺激[illegible]系統排毒，玫瑰鹽則具有消毒及淨化的功能，使用這款浴鹽泡澡，可促進新陳代謝、排除乳酸，並減緩肌肉僵硬痠痛，此外，它還有調理皮脂分泌的功能，能讓全身肌膚滑嫩，維持最佳活力狀態！

【工具】

攪拌匙	1支
玻璃碟	1個
電子秤	1個
250ml燒杯	1個
100g密封罐	1個

【材料】

玫瑰鹽	100g
葡萄柚精油	10滴
玫瑰天竺葵精油	6滴
薰衣草精油	4滴

【作法】

1 以攪拌匙挖取玫瑰鹽放入玻璃碟中，再置於電子秤上，正確量取所需的100g後，倒入燒杯。

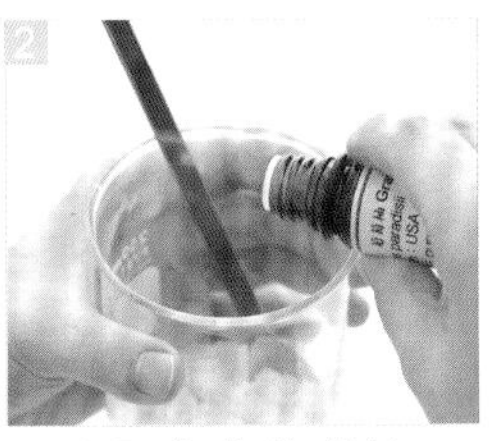

2 再滴入葡萄柚精油10滴、玫瑰天竺葵精油6滴、薰衣草精油4滴。

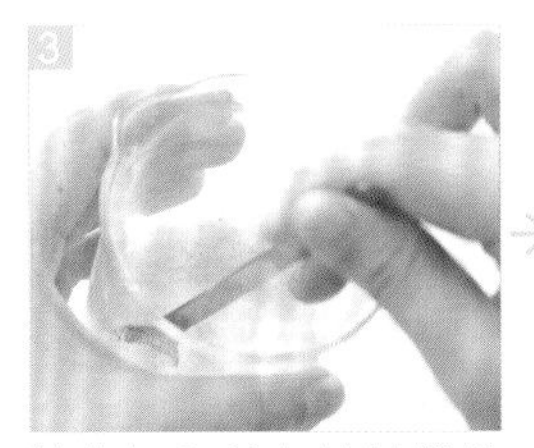

3 將燒杯內所有材料攪拌均勻，即完成浴鹽。

4 將浴鹽裝入密封罐中。

【延伸應用】

花梨木精油浴鹽
如有感冒現象，可將玫瑰天竺葵精油換成花梨木精油，它能激勵免疫系統運作，並具溫和止痛功能，可舒緩疲倦、頭痛等症狀。

依蘭依蘭精油浴鹽
也可將玫瑰天竺葵精油換成依蘭依蘭精油，它的香氣能鎮定情緒，加強泡澡時的紓壓功效。

苦橙葉精油浴鹽
若身體部位易生痤瘡，可將薰衣草精油換成苦橙葉精油，它能減低皮脂分泌量，並可溫和殺菌，最適合調理油性肌膚。

Memo

適用膚質 中性、油性、乾性、混合性

保存期限 60天

保存方法 放置乾燥無陽光直射處。

使用方法
1. 浴缸中放滿八分水，加入浴鹽約50g。（注意水溫不宜高過40℃，以免破壞皮脂。）
2. 將身體洗淨後，再坐入浴缸中泡澡約3～5分鐘，或至額頭略微出汗，即可起身。
3. 拭淨身體後，以乳液塗抹全身進行保濕，並記得喝水，補充水分。

貼心提醒
1. 若無浴缸，可採用足浴的方式代替泡澡，它能刺激腳部經絡，帶動全身血液循環。
2. 進行足浴前，宜先洗淨雙腳；再取一臉盆倒入熱水八分滿，並加入20g浴鹽。
3. 泡腳時間約5～10分鐘，水溫不宜過低，以個人能承受的熱度為限。

活化足部經絡，消除水腫與厚繭

142 快樂鼠尾草足療按摩鹽

雙腳承受全身壓力、終日行走摩擦，容易浮腫、長繭，而「按摩」能刺激穴道帶動經絡通暢，再加入具放鬆肌肉效果的快樂鼠尾草精油，以及可去角質的天然鹽，更能達到加強紓壓、潤澤肌膚的功效！

【工具】

250ml燒杯	1個
3ml空針筒	1支
攪拌棒	1支
玻璃碟	2個
量匙	1支
電子秤	1個
100g密封罐	1個

【材料】

橄欖油	50ml
荷荷芭油（液態蠟）	25ml
Tween#20乳化劑	5ml
快樂鼠尾草精油	8滴
檸檬精油	7滴
茶樹精油	5滴
天然鹽	60g

【作法】

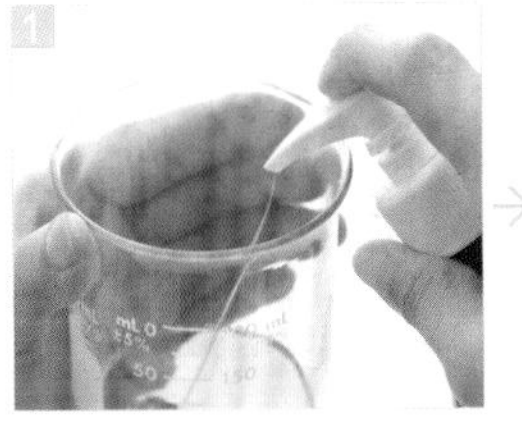

1. 在燒杯內放入橄欖油50ml、荷荷芭油25ml。

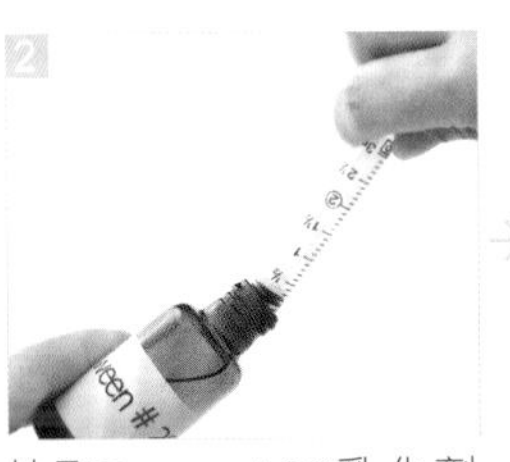

2. 抽取Tween#20乳化劑5ml。

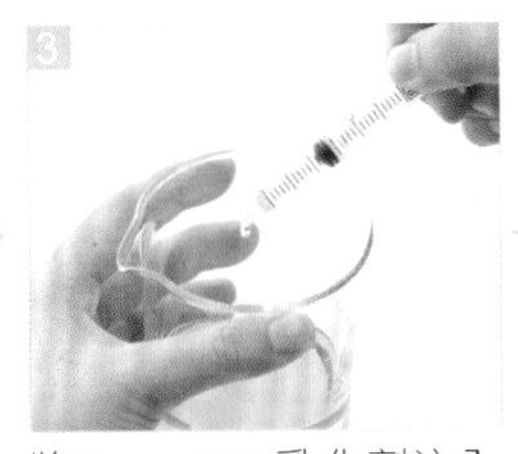

3. 將Tween#20乳化劑注入燒杯中。

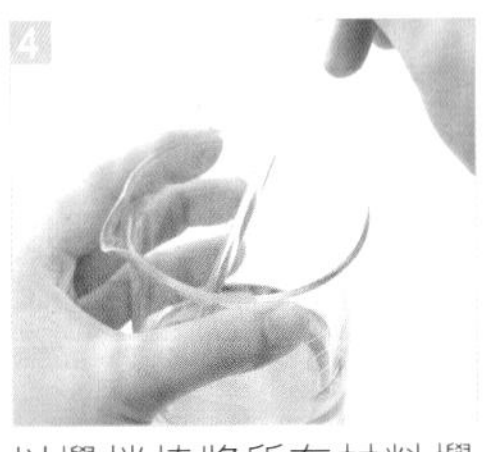

4. 以攪拌棒將所有材料攪拌均勻。

5. 再滴入快樂鼠尾草精油8滴、檸檬精油7滴、茶樹精油5滴備用。

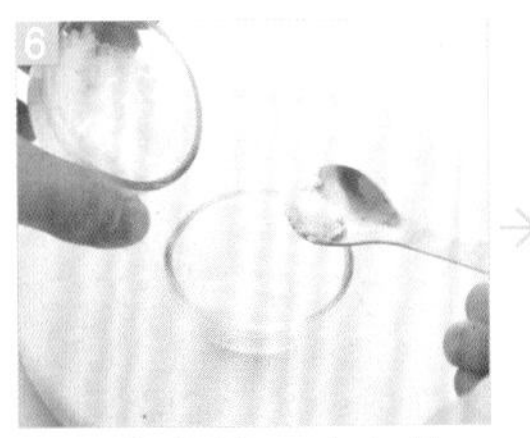

6. 將天然鹽倒入玻璃碟，並置於電子秤上量取所需的60g。

7. 將量好的天然鹽倒入燒杯，充分攪拌後，即完成足療油鹽。

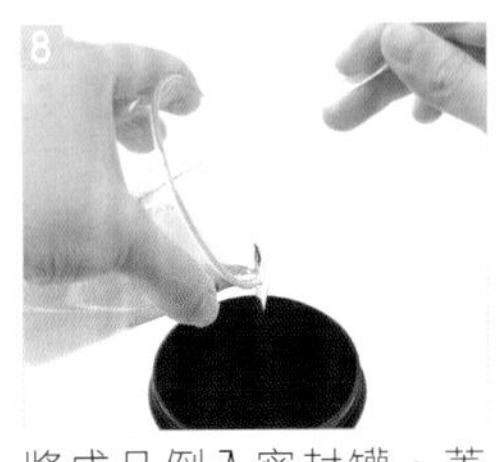

8. 將成品倒入密封罐，蓋上罐蓋封存即可。

【延伸應用】

甜馬鬱蘭精油足療按摩鹽

可將快樂鼠尾草精油換成甜馬鬱蘭精油，除同樣具有放鬆功效，還能促進血液循環、加強足部廢物代謝。

依蘭依蘭精油足療按摩鹽

若喜歡濃郁花香氣息，可將茶樹精油換成依蘭依蘭精油，更能鎮定舒緩、平衡分泌。

綠花白千層精油足療按摩鹽

如果腳部有小傷口，可將茶樹精油換成綠花白千層精油，它不刺激，又具良好殺菌效果，還能促進組織生長，有助皮膚癒合。

Memo

適用膚質 中性、油性、乾性、混合性

保存期限 60天

保存方法 放置乾燥無陽光直射處。

使用方法
1. 雙腳洗淨、稍加拭乾後，取足療油鹽約50元硬幣大小的分量。
2. 於腳背、腳跟、腳底輕輕按摩搓揉，約3分鐘後，再以清水沖淨。
3. 也可直接泡腳進行足浴，方法參見P121「貼心提醒」。

清新滋養，溫和潤澤

146 薄荷清爽護手霜

護手霜能形成一層保護膜，避免手部肌膚老化。這款護手霜除以具有滋潤作用的苦茶油為底，並加入薄荷精油，它獨特的清涼效果能降低溫感、溫和抑菌，在潤澤雙手的同時，還能享有清新舒爽的感受。

【工具】

3ml空針筒	1支
150ml燒杯	1個
攪拌棒	1支
50ml燒杯	1個
30g面霜盒	1個

【材料】

苦茶油	3ml
簡易乳化劑	0.5ml
純水	30ml
薄荷精油	7滴
葡萄柚精油	6滴
甜橙精油	5滴

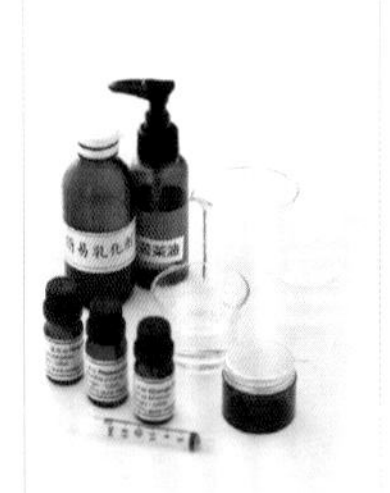

【作法】

1. 以針筒抽取苦茶油3ml，置於150ml燒杯內。

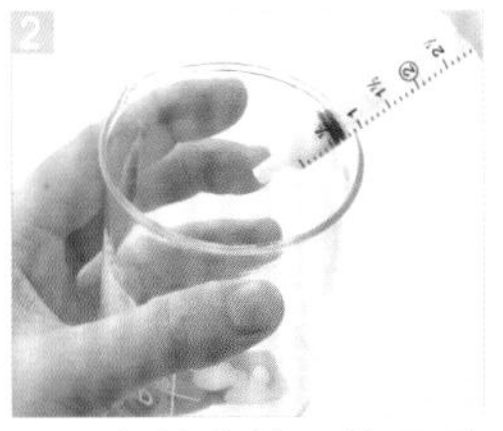

2. 再用空針筒抽取簡易乳化劑0.5ml，注入燒杯，以攪拌棒充分拌勻。

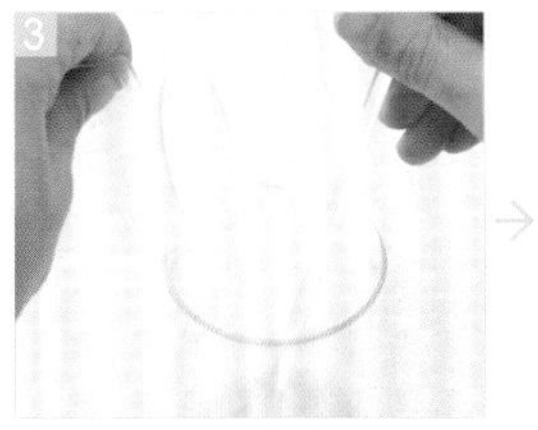

3. 用50ml燒杯量取純水，分次慢慢加入前述油料中，再加以攪拌。

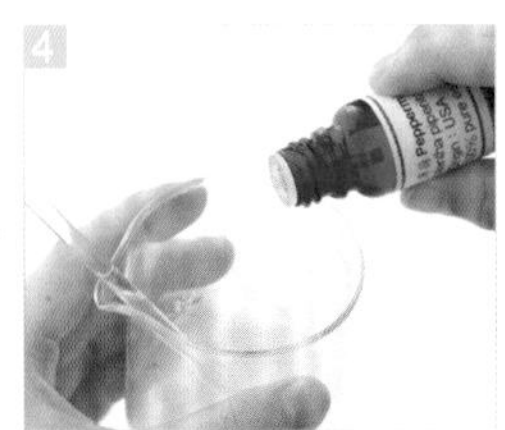

4. 滴入薄荷精油、葡萄柚精油、甜橙精油。

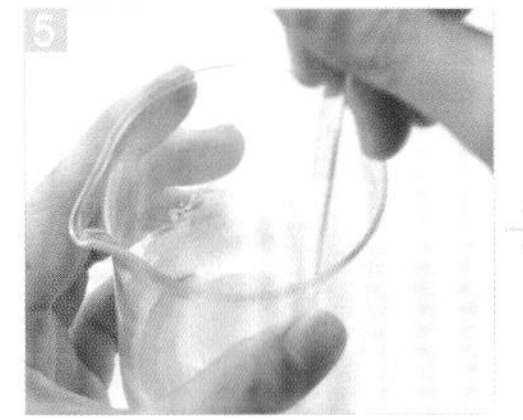

5. 將燒杯內所有材料攪拌均勻，即完成護手霜。

6. 將成品倒入面霜盒後，蓋上盒蓋存放即可。

【延伸應用】

花梨木精油護手霜

針對熟齡肌膚，可將葡萄柚精油換成花梨木精油，它具有溫和、不刺激的特性，並能促進細胞再生。

綠花白千層精油護手霜

若想淡化苦茶油的特殊氣味，可將甜橙精油換成綠花白千層精油，它具有強烈、溫熱、類似樟腦的氣息，而且具有保護皮膚、避免刺激的功效。

Memo

適用膚質 中性、油性、混合性

保存期限 30天

保存方法 放置乾燥無陽光直射處，每次使用完畢記得鎖緊蓋子。

使用方法
1. 取適量護手霜於掌心。
2. 兩手稍加搓揉、加溫，使之較容易吸收。
3. 再抹於手掌、手背、手指，並輕輕按摩即可。

貼心提醒
1. 如果覺得不夠滋潤，可將苦茶底油的劑量提高至3.5 ml。
2. 若無法接受苦茶油的味道，也可改用葵花籽油或葡萄籽油替代。

預防感染，健康療癒

149 茶樹抗菌護手霜

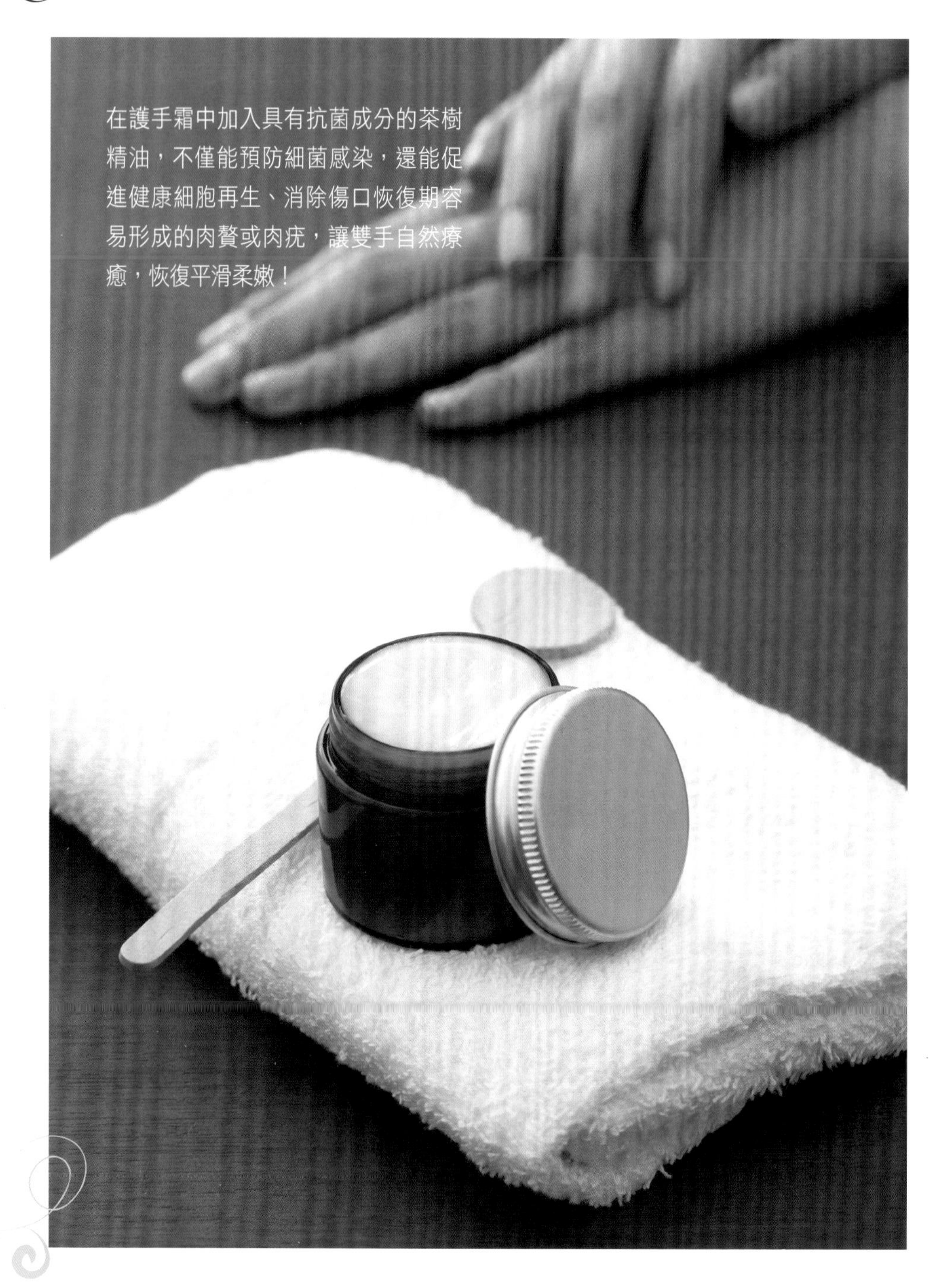

在護手霜中加入具有抗菌成分的茶樹精油，不僅能預防細菌感染，還能促進健康細胞再生、消除傷口恢復期容易形成的肉贅或肉疣，讓雙手自然療癒，恢復平滑柔嫩！

【工具】

3ml空針筒	1支
150ml燒杯	1個
攪拌棒	1支
50ml燒杯	1個
30g面霜盒	1個

【材料】

小麥胚芽油	1.5ml
簡易乳化劑	0.5ml
純水	30ml
茶樹精油	7滴
薰衣草精油	6滴
羅馬洋甘菊精油	5滴
凡士林	少許（約1g）

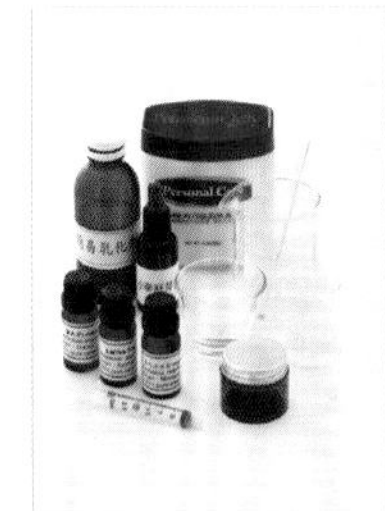

【作法】

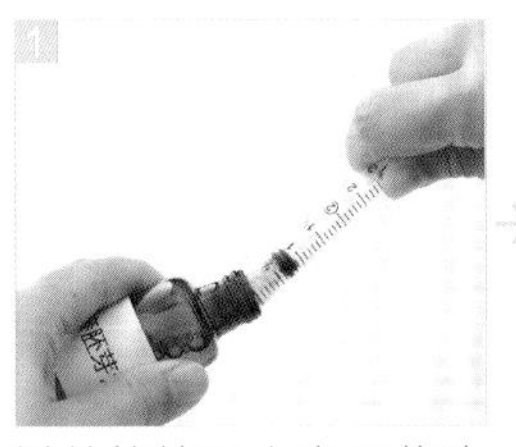

1 以針筒抽取小麥胚芽油1.5ml。

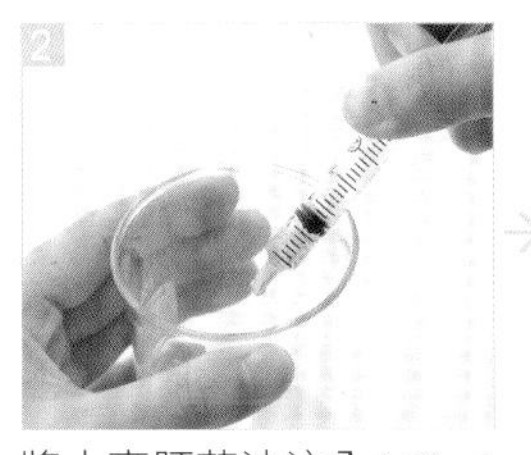

2 將小麥胚芽油注入150ml燒杯內。

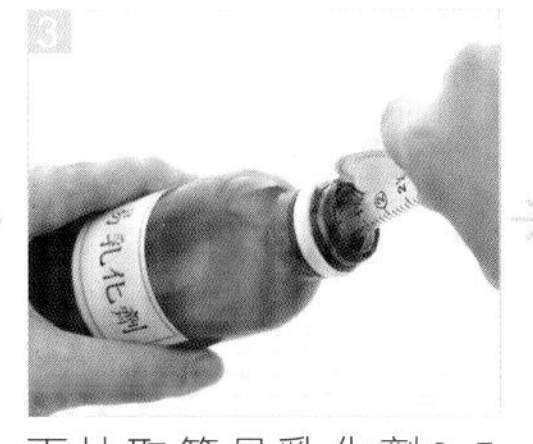

3 再抽取簡易乳化劑0.5ml，同樣注入燒杯。

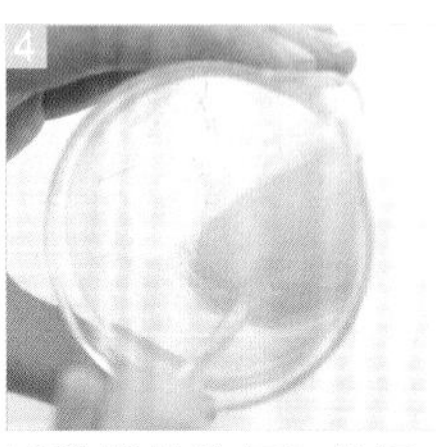

4 以攪拌棒將杯內的混合物充分拌勻，使其呈現混濁狀。

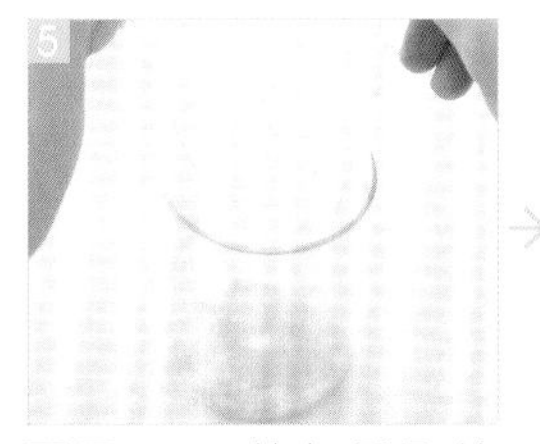

5 再用50ml燒杯量取純水，分次慢慢倒入前述混合物中，並用攪拌棒加以攪拌。

6 加入茶樹精油7滴、薰衣草精油6滴、羅馬洋甘菊精油5滴，攪拌均勻。

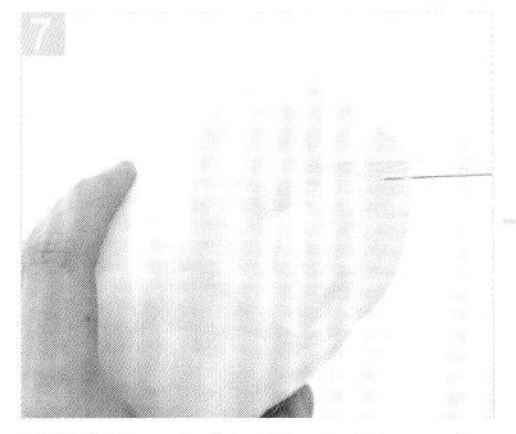

7 再挖取少許凡士林，加入燒杯中。

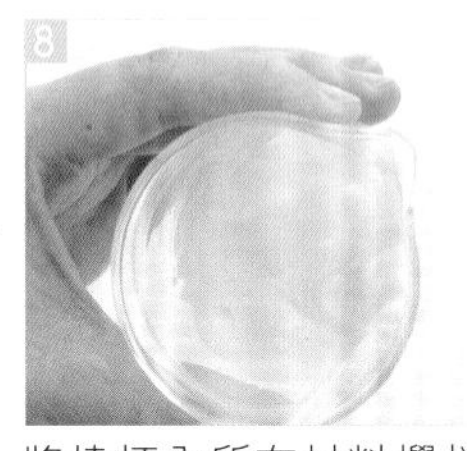

8 將燒杯內所有材料攪拌均勻，即完成護手霜，裝入面霜盒存放即可。

【延伸應用】

乳香精油護手霜

針對老化肌膚，可將薰衣草精油換成乳香精油，它有非常纖細的調理功能，可幫助皮膚恢復彈性、平撫手部細紋。

依蘭依蘭精油護手霜

若手部有過乾或過油的問題，可將羅馬洋甘菊精油換成依蘭依蘭精油，它能有效平衡油脂分泌，並具保濕功效。

花梨木溫和護手霜

敏感型肌膚可將羅馬洋甘菊精油換成花梨木精油，它溫和不刺激，並可促進細胞再生。

Memo

適用膚質 中性、乾性、敏感性

保存期限 30天

保存方法 放置乾燥無陽光直射處，使用完畢記得瓶蓋鎖緊。

使用方法 同P125

貼心提醒
1. 若還是覺得不夠滋潤，可將小麥胚芽油提高至1.8ml或將凡士林增至約1.2g。
2. 若無小麥胚芽油，也可用橄欖油或荷荷芭油替代。

軟化硬皮，潤滑美白

153 檸檬去角質指緣油

想去除指緣硬皮，必須先做好軟化角質的工作。檸檬精油具有可以去除雞眼、瘤、疣等皮膚突起的成分，並有溫和美白、增進皮膚光澤的功效，只要保持適度按摩，就能讓纖纖十指柔嫩光滑！

【工具】

5ml指甲油瓶	1個
100ml量杯	1個

【材料】

檸檬精油	2滴
羅馬洋甘菊精油	1滴
荷荷芭油（液態蠟）	5ml

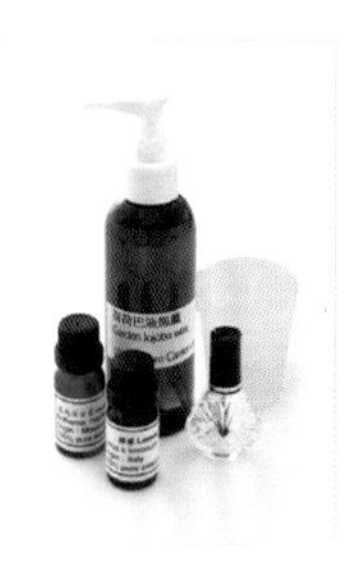

【作法】

1 將指甲油瓶洗淨拭乾。

2 在瓶中滴入檸檬精油、羅馬洋甘菊精油。

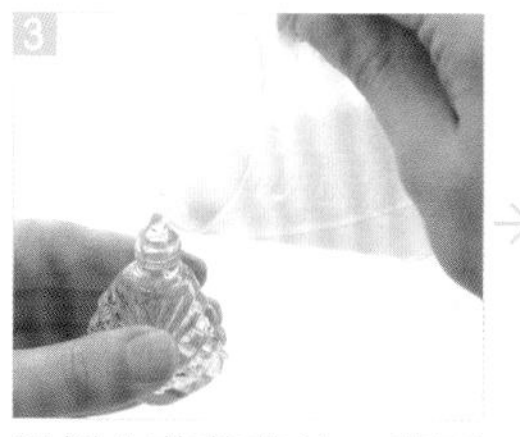

3 再倒入荷荷芭油，直至瓶子裝滿即可。

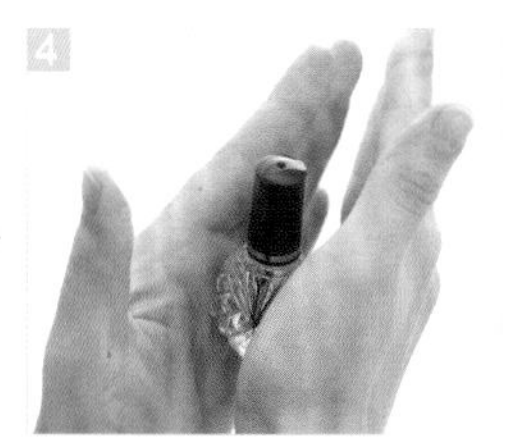

4 蓋上瓶蓋拴緊後，以「前後搓滾」的方式搖勻，即完成指緣油。

【延伸應用】

花梨木精油指緣油

如果指緣、指節的皮膚細紋較多，可將羅馬洋甘菊精油換成花梨木精油，它能促進細胞再生，並可適度減輕皺紋。

乳香精油指緣油

針對手部肌膚老化的狀況，可將羅馬洋甘菊精油換成乳香精油，它具有保濕並調理肌膚的功能，可幫助恢復肌膚彈性。

薄荷精油指緣油

若指甲溝縫有龜裂的現象，可將羅馬洋甘菊精油換成薄荷精油，它可緩解發炎，並有止痛、鎮定的功效。

Memo

適用膚質 所有膚質均適用

保存期限 約45天

保存方法 放置乾燥無陽光直射處，使用完畢記得鎖緊瓶蓋。

使用方法
1. 雙手洗淨，並稍加拭乾。
2. 以指甲油瓶蓋的軟毛刷沾取適量的指緣油，均勻塗抹在指甲邊緣的皮膚上。
3. 用手輕輕按摩指緣，直至油脂被完全吸收即可。

貼心提醒
1. 若指緣已有乾燥、受損的情況，最好少用化學性清潔劑洗手，避免手部再次受到刺激。
2. 這款指緣油可用於隨時保養。若於夜晚睡前使用，可於塗抹後帶上純棉手套睡覺，效果更佳。

充分滋養潤澤，減緩乾皺粗糙

157 快樂鼠尾草滋潤指緣油

手部皮膚保濕不夠，容易連帶使得指緣呈現乾燥、粗糙的狀況，在按摩油中加入快樂鼠尾草精油，能有效潤澤肌膚，並促進細胞再生，讓乾澀、脫皮的手指恢復柔嫩細緻！

【工具】

5ml指甲油瓶	1個
3ml空針筒	1支

【材料】

快樂鼠尾草精油	2滴
甜橙精油	1滴
荷荷芭油（液態蠟）	4ml
月見草油	1ml

【作法】

1

將快樂鼠尾草精油 2滴、甜橙精油1滴滴入清潔過的指甲油瓶中。

2

再以針筒抽取荷荷芭油4ml、月見草油1ml注入指甲油瓶。

3

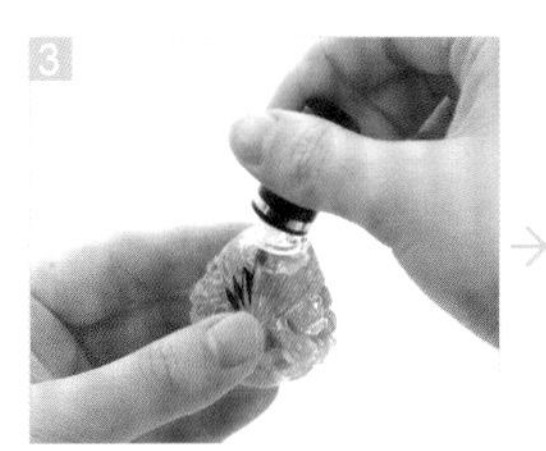

裝滿後，蓋上瓶蓋，並且拴緊。

4

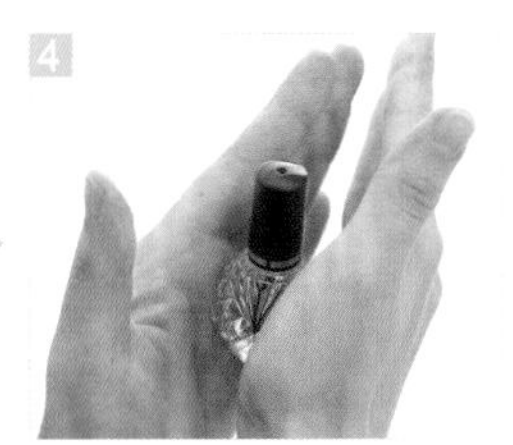

雙手夾住指甲油瓶身，以「前後搓滾」的方式搖勻，即完成指緣油。

【延伸應用】

258 薰衣草精油指緣油

若指縫周邊已有龜裂、紅腫的現象，可將快樂鼠尾草精油換成薰衣草精油，它能抑制細菌生長、避免發炎感染，並可激勵細胞再生、淡化傷口疤痕。

259 佛手柑精油指緣油

如想加強保護效果，可將甜橙精油換成佛手柑精油，它具有抑菌成分，並能幫助傷口癒合。

260 橄欖油指緣油

若家中有現成的優質橄欖油，可用來取代月見草油，它具有橄欖多酚，能保濕鎖水，可有效滋潤指緣皮膚。

Memo

適用膚質 所有膚質均適用

保存期限 45天

保存方法 放置乾燥無陽光直射處，使用完畢記得鎖緊瓶蓋。

使用方法
1. 雙手洗淨，並稍加拭乾後，先用挫刀去除指緣硬皮。
2. 再以指甲油瓶蓋的軟毛刷沾取適量指緣油，均勻塗抹在指甲邊緣的皮膚上。
3. 用手輕輕按摩指緣，直至油脂被完全吸收即可。

PART 5

自己做！超經典的【紓壓療癒用品】28款

——鬆筋・排毒・鎮痛・止癢，讓通體都舒暢！

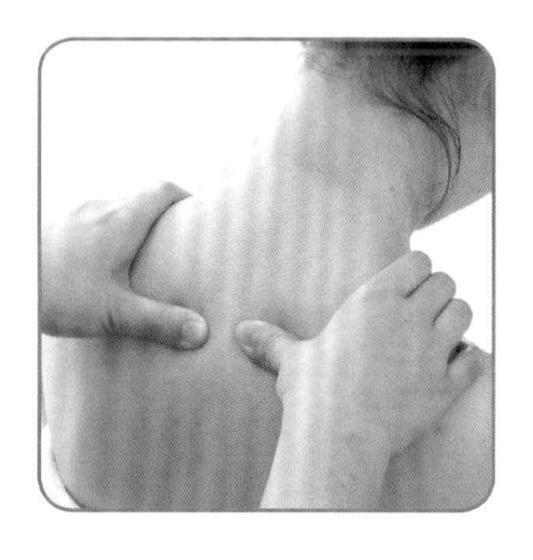

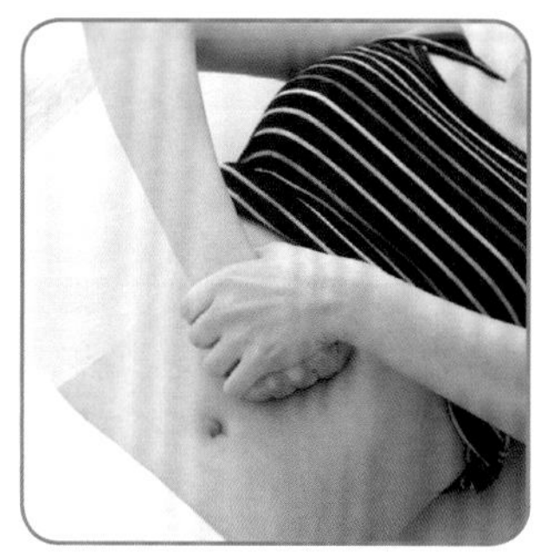

生活中難免會遇到身體出狀況的情形，
這時使用按摩油搭配按摩手技，
便能改善症狀，
貼布的減壓放鬆與藥膏的清涼止癢，
更是不可或缺的備品。

舒緩緊繃，開展經絡

161 薄荷肩頸按摩油

長期姿勢不良、壓力過大，容易有肩頸痠痛的毛病。將具有止痛功效的薄荷精油加入按摩油中，能有效舒緩肌肉緊繃所帶來的不適，並藉由正確的按摩動作促進血液循環，讓筋絡開展、肌肉放鬆！

【工具】

100ml量杯	1個
30ml避光短壓頭瓶	1個

【材料】

葡萄籽油	20ml
荷荷芭油（液態蠟）	10ml
薄荷精油	8滴
快樂鼠尾草精油	6滴
檸檬精油	4滴

【作法】

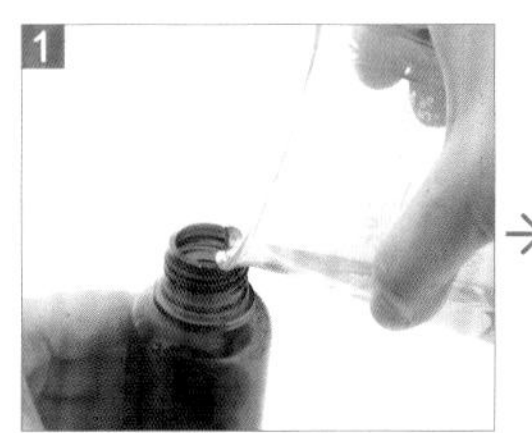

1 用量杯量取葡萄籽油20ml、荷荷芭油10m，倒入避光短壓頭瓶中。

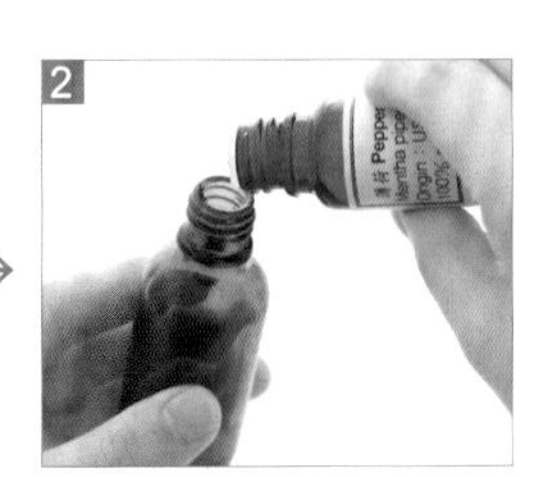

2 再滴入薄荷精油、快樂鼠尾草精油、檸檬精油，然後蓋緊瓶蓋，以「前後搓滾」方式搖動瓶身，使之均勻。

【延伸應用】

162 甜馬鬱蘭排毒按摩油
若因運動過度造成肩頸痠痛，可將快樂鼠尾草精油可換成甜馬鬱蘭精油，它能促使微血管擴張、帶動有毒廢物排除，有效舒緩強烈運動後所引起的肌肉疲倦、緊繃及疼痛。

Memo

適用膚質 各種肌膚均適用

保存期限 45天

保存方法 放置乾燥無陽光直射處，使用完畢記得鎖緊瓶蓋。

小提醒 ❶這款配方的濃度乃專為身體按摩所設計，切勿塗抹於臉上，以免造成過度刺激。
❷若肩頸部位有扭傷或拉傷的狀況，只要將按摩油塗抹上去即可，不要按摩，避免發炎。

【使用方法與肩頸按摩分解動作】

1

兩肩塗抹按摩油

取50元硬幣大小分量的按摩油於雙手稍加搓熱後，由頸椎中間往肩膀兩側，輕輕塗抹。

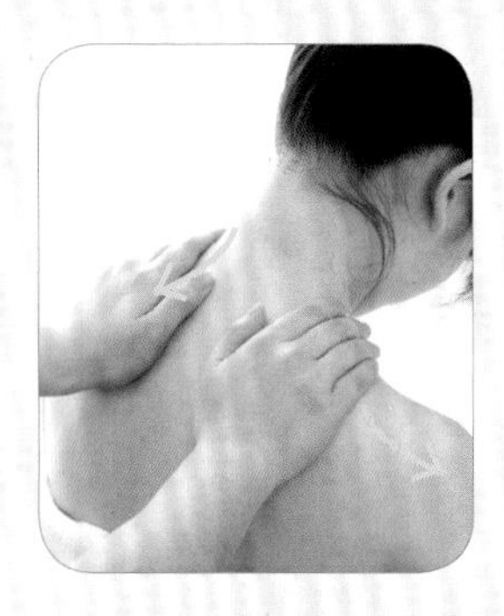

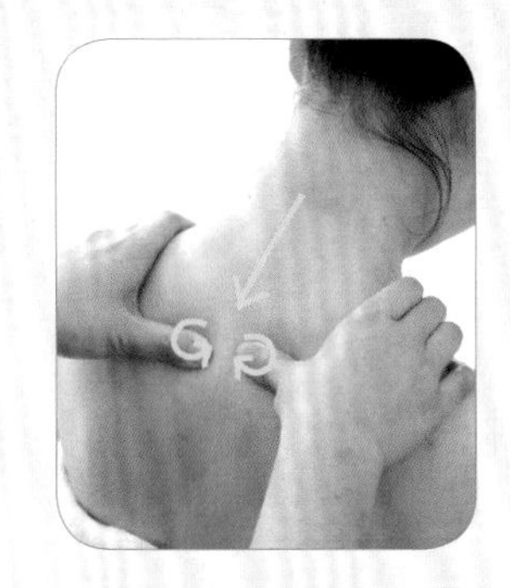

2

頸椎定點指壓

兩個大拇指沿著脊椎兩側骨節的位置，由上往下、由外往內定點按壓畫圓5次，至腋窩平行處止。

3

左手按右肩朝右按壓

左手輕抓右肩，以手掌力量，從頸部沿著肩頭方向，往右按壓重複3次。

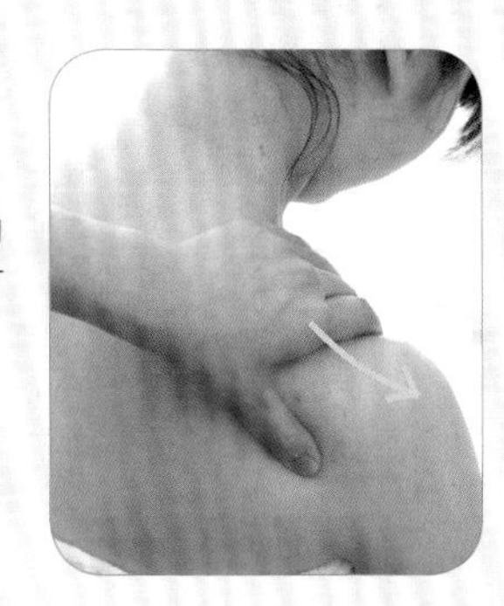

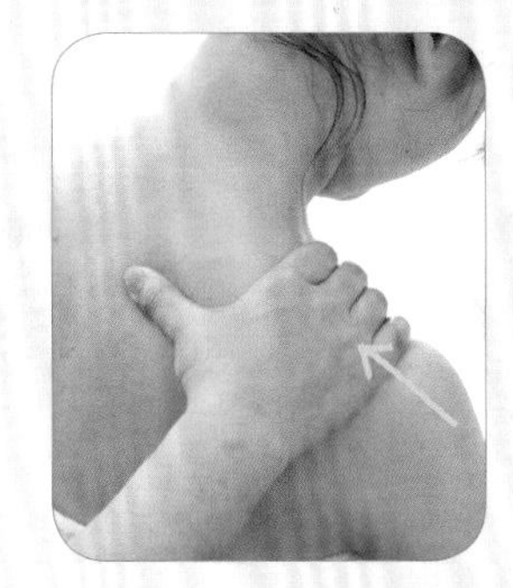

4

右手按右肩朝左按壓

換右手，同樣輕抓右肩，但從肩頭往頸部方向，即往左按壓，重複3次。完成後換左邊肩膀。先用右手從頸部往肩頭按壓；再換左手從肩頭往頸部按壓，亦即重複步驟3與4。

5

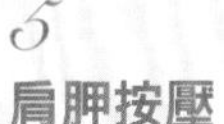

肩胛按壓

左手握拳，以指關節沿著左肩胛，從上往下、朝左外側按壓，重複3次。再換右手，以同樣方式按壓右肩胛。

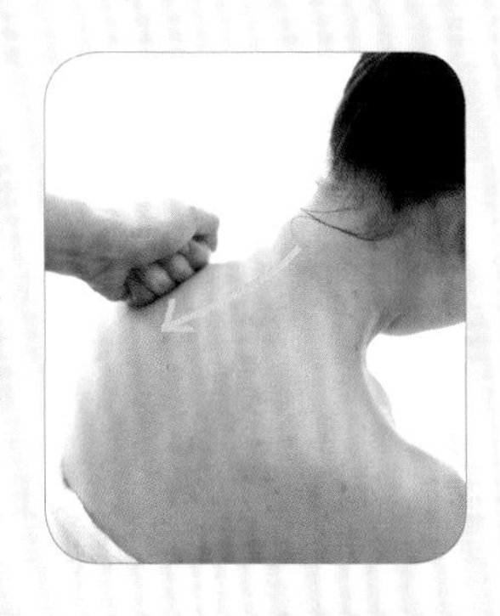

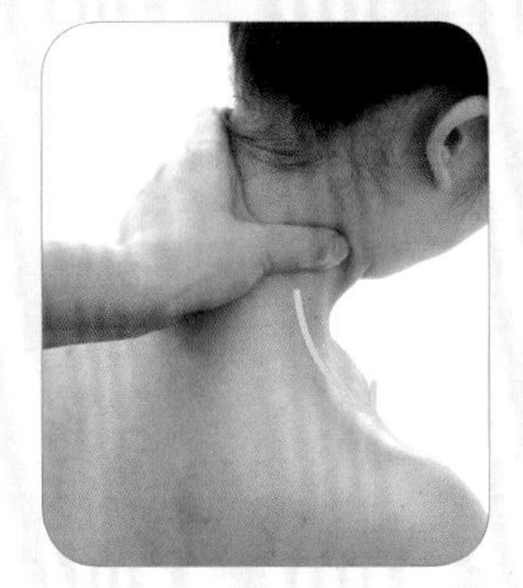

6

頸後側順下往前按壓

左手扣住腦勺下方、頸後側的部位，大拇指施力，沿右方頸前端往下、往前胸按壓，重複3次。再換右手，按壓左頸。

7

鬆肌安撫

雙手手掌搭肩，往兩側輕輕按壓，使按摩後的肌肉得到放鬆。

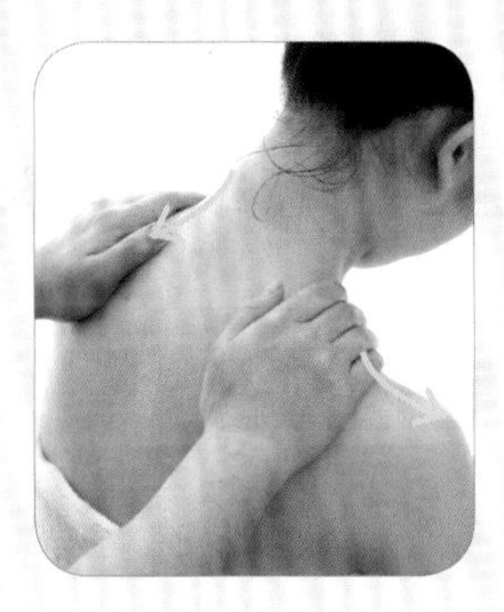

放鬆肌肉，消炎止痛

163 薰衣草舒背按摩油

坐太久、上半身使用過度、睡不好、肌肉休息不足，都是造成背痛的常見原因。在按摩油中加入薰衣草精油，可鎮定消炎、舒緩肌肉疼痛。此外，它獨特的氣息還能幫助睡眠，非常適合天天使用。

【工具】

100ml量杯	1個
30ml避光短壓頭瓶	1個

【材料】

葵花籽油	15ml
荷荷芭油（液態蠟）	10ml
橄欖油	5ml
薰衣草精油	8滴
玫瑰天竺葵精油	6滴
甜橙精油	4滴

【作法】

1

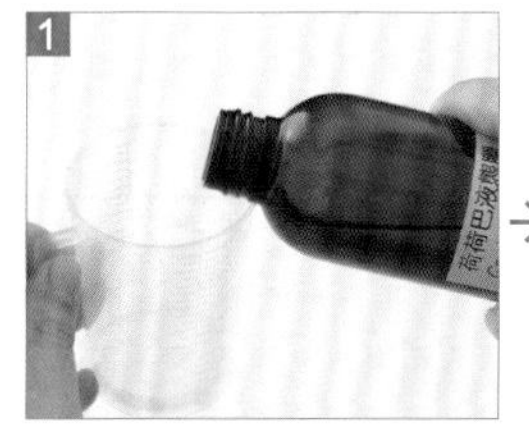

以量杯量取葵花籽油15ml、荷荷芭油10ml與橄欖油5ml，倒入避光短壓頭瓶中。

2

再滴入薰衣草精油、玫瑰天竺葵精油、甜橙精油，然後蓋緊瓶蓋，以「前後搓滾」方式搖動瓶身，使之均勻。

【延伸應用】

164 甜馬鬱蘭舒緩按摩油

如想加強舒緩功效，可將玫瑰天竺葵精油換成甜馬鬱蘭精油，它能擴張動脈、帶動局部血液循環，有效減輕肌肉僵硬與疼痛。

165 澳洲尤加利精油按摩油

如想加強止痛效果，可將甜橙精油換成澳洲尤加利精油，它除具抗菌功能，還能夠減輕筋膜、肌肉痠痛。

Memo

適用膚質 各種肌膚均適用

保存期限 45天

保存方法 放置乾燥無陽光直射處，使用完畢記得鎖緊瓶蓋。

貼心提醒 進行背部按摩前後，皆可用毛巾熱敷，促進血液循環，效果更好。

【使用方法與舒背按摩分解動作】

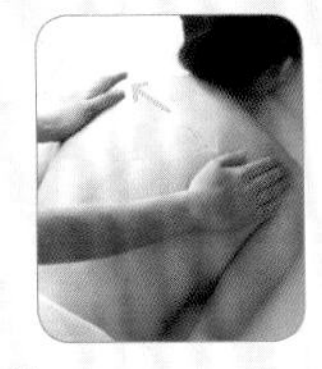

1

塗抹按摩油

取適量按摩油，於掌心稍加搓熱後，將手掌攤平、覆蓋於上背，然後由下往上、再橫向由內往外輕推，使油均勻附著背部。

2

左手刀按壓右肩胛骨

用右手將被按者的右手肘往後輕拉，約呈90度，使右肩胛骨突出；再以左手刀沿右肩胛內側弧度，從上往下按壓，重複3次。

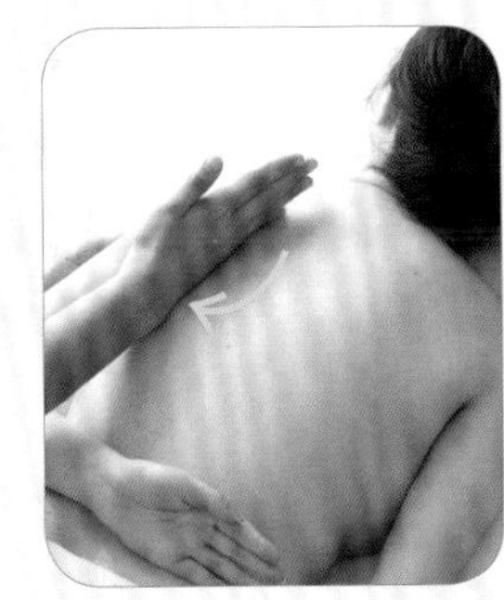

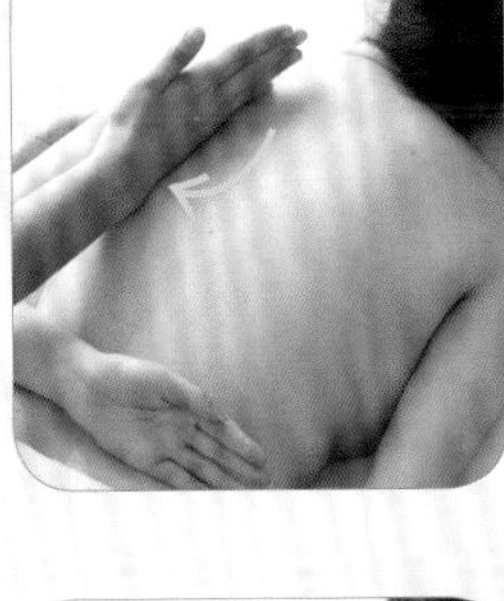

3

右手刀按壓左肩胛骨

用左手將被按者的左手肘往後輕拉，約呈90度，使左肩胛骨突出，再以右手刀沿左肩胛內側弧度，從上往下按壓，重複3次。

4

肩胛兩側定點按壓

在兩邊肩胛上方外側凹陷處，以兩手大拇指定點按壓、往內畫圓5次。

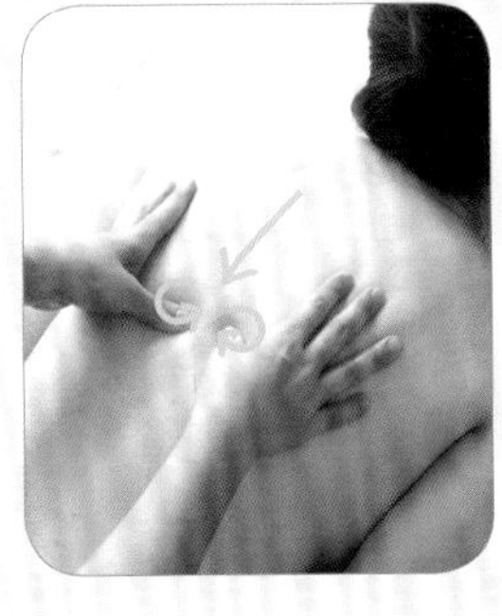

5

脊椎定點按壓

兩手大拇指沿脊椎兩側、由上往下至腰部，進行定點按壓往內畫圓5次。

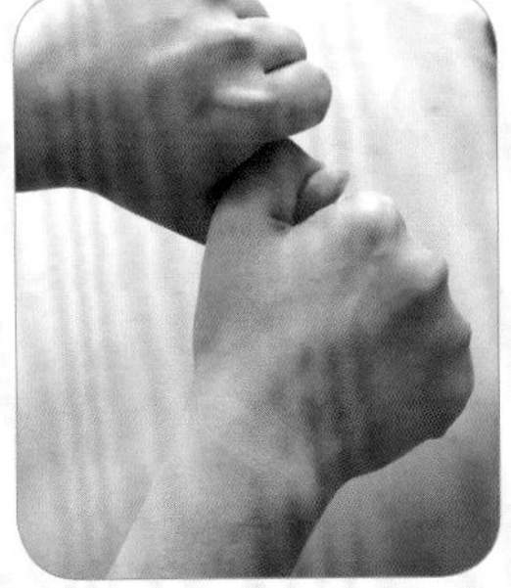

6

脊椎兩側按壓

雙手大拇指互勾、握拳，以指關節沿脊椎兩側、由上往下按壓3次。

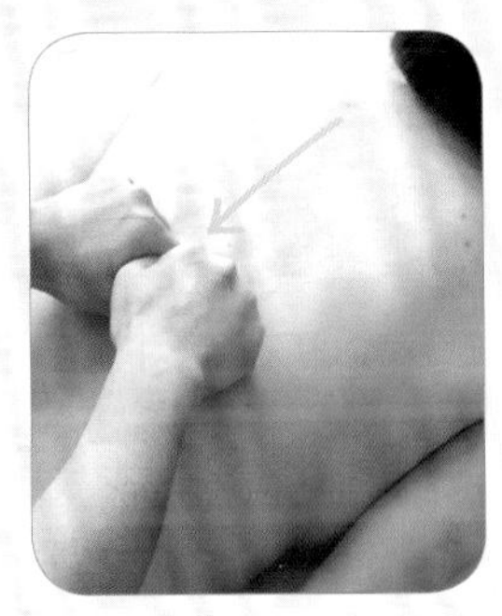

7

鬆肌安撫

雙手手掌覆蓋於背部，由上往下慢慢輕壓，使按摩過後的肌肉得到放鬆。

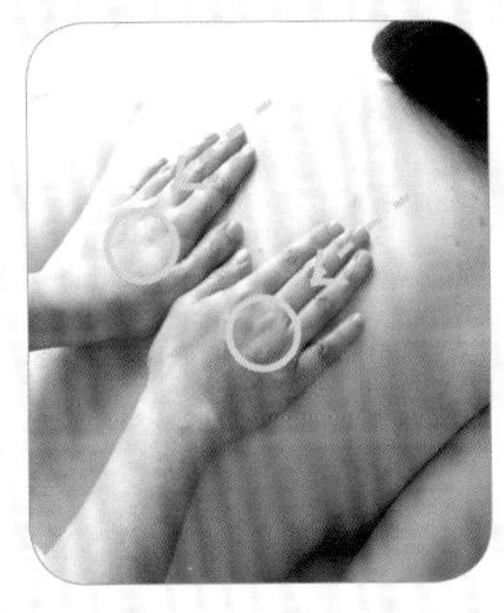

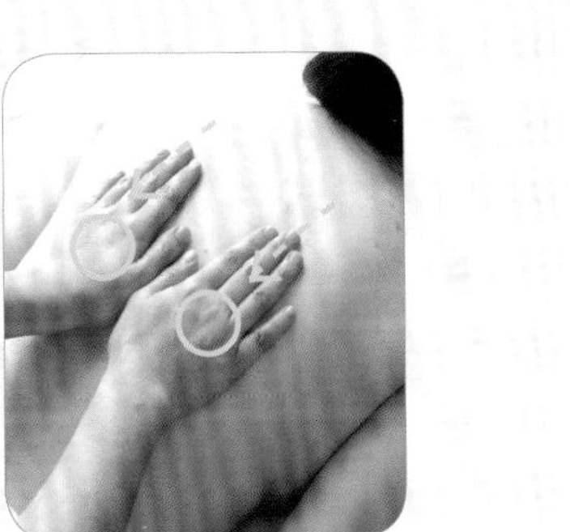

刺激代謝，促進排便

166 葡萄柚緊腹按摩油

小腹變大，除了脂肪囤積，「宿便」也是常見主因。按摩不但能幫助腸道蠕動、促進排便，還能增進脂肪代謝的速率。若再加入具有排毒功效的葡萄柚精油，更可刺激淋巴系統運作，逐步改善令人困擾的小腹問題！

【工具】

100ml量杯	1個
30ml避光短壓頭瓶	1個

【材料】

葵花籽油	15ml
荷荷芭油（液態蠟）	10ml
月見草油	5ml
葡萄柚精油	8滴
玫瑰天竺葵精油	6滴
快樂鼠尾草精油	4滴

【作法】

1

以量杯量取葵花籽油15ml、荷荷芭油10ml、月見草油5ml，倒入避光短壓頭瓶。

2

再滴入葡萄柚精油、玫瑰天竺葵精油、快樂鼠尾草精油，然後蓋緊瓶蓋，以「前後搓滾」方式搖動瓶身。

【延伸應用】

167 甜馬鬱蘭精油按摩油
如想加強排毒效果，可將快樂鼠尾草精油換成甜馬鬱蘭精油，它具有助促進血液循環的功能，可帶動排除有毒廢物。

168 大西洋雪松精油按摩油
針對脂肪囤積型的小腹問題，可將快樂鼠尾草精油換成大西洋雪松精油，它具有可促進皮下油脂分解的成分，有助代謝多餘脂肪。

Memo

適用膚質 各種肌膚均適用

保存期限 45天

保存方法 避光、放置乾燥無陽光直射處，使用完畢記得鎖緊瓶蓋。

貼心提醒 如有不明腹痛，請勿按摩。

【使用方法與小腹按摩分解動作】

1

從右下腹部往上按壓

取適量按摩油，於掌心稍加搓熱後輕抹於腹部。然後右手握拳，讓指關節對準盲腸部位（約在肚臍與右邊骨盆連線中點處），並以左手抓住右手腕協助穩定後，開始施力由下往上按壓，至肋骨下方。

2

從右肋下方平行往左按壓

再從右肋骨下方肌肉部位，以指關節平行往左腹按壓。

3

從左肋下方垂直往下按壓

承接上一個動作，從左肋骨下方肌肉部位，垂直往下按壓至左下腹部位。

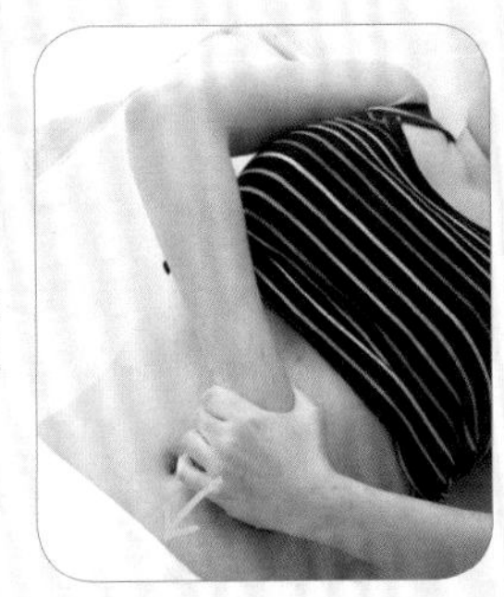

4

從左下腹部往右按壓

再從左下腹往右按壓，回到盲腸處，如此完成一個輪迴。

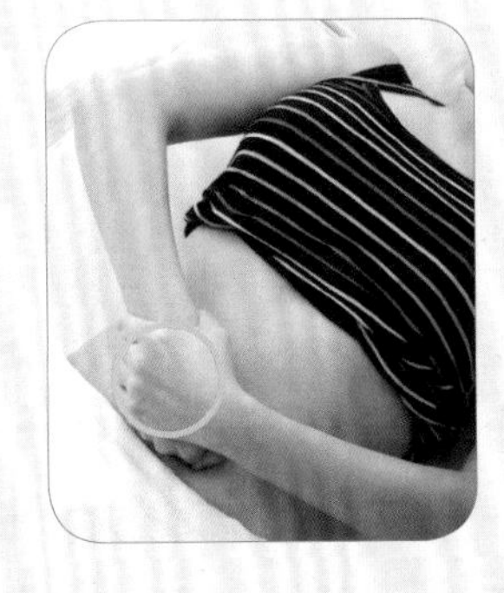

5

鬆肌安撫

重複3～5個輪迴後，雙手手掌平貼腹部成心形，由上往下輕撫，使腹肌充分放鬆即可。

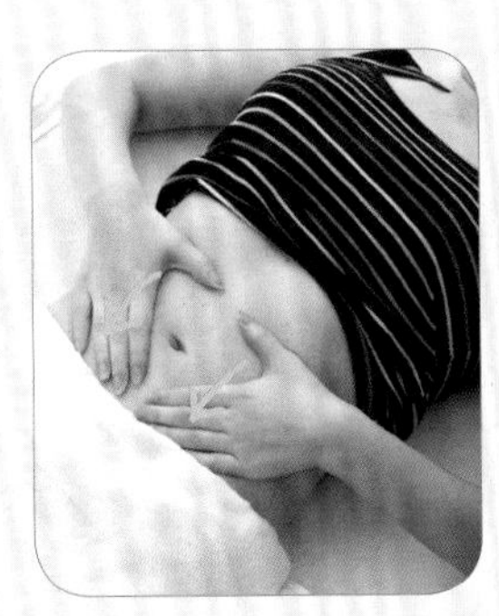

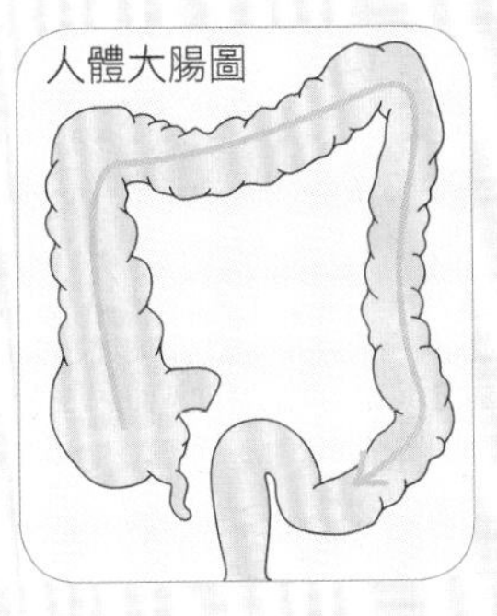

6

補充說明

此按摩手法是配合體內大腸走向，以環狀方式進行按壓，可促進腸道蠕動、排除宿便。隨時可做，但請避免在進食後一個小時內進行。方向不要推錯，否則易將宿便推回。

促進大腿運動，改善橘皮組織

169 葡萄柚美腿按摩油

快速胖瘦、久坐不運動，或女性賀爾蒙激增時，都有可能造成橘皮組織的生成，尤其是大腿、腰腹等部位，往往容易出現皮膚凹凸不平的狀況。葡萄柚精油可治療體液遲滯、排毒不良，用於按摩，將有助刺激淋巴循環，進而改善皮膚鬆弛、皺紋叢生的問題。

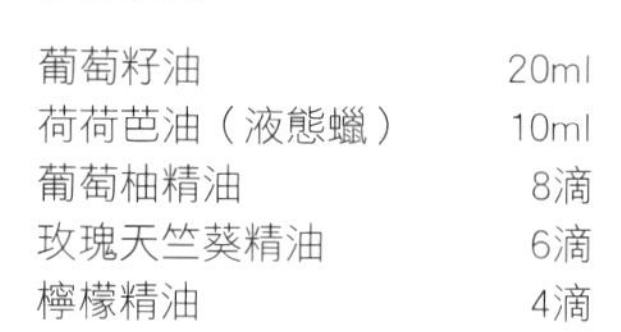

【工具】

100ml量杯	1個
30ml避光短壓頭瓶	1個

【材料】

葡萄籽油	20ml
荷荷芭油（液態蠟）	10ml
葡萄柚精油	8滴
玫瑰天竺葵精油	6滴
檸檬精油	4滴

【作法】

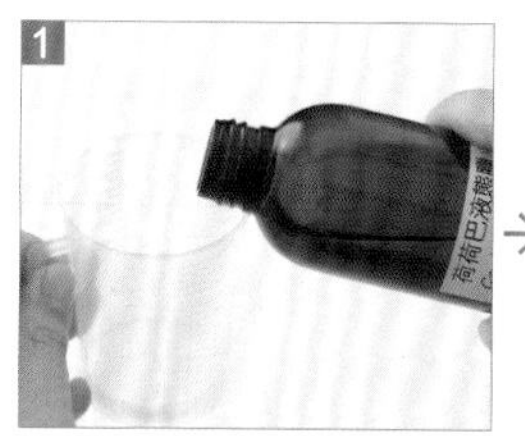

1 以量杯量取葡萄籽油20ml、荷荷芭油10ml，倒入避光短壓頭瓶。

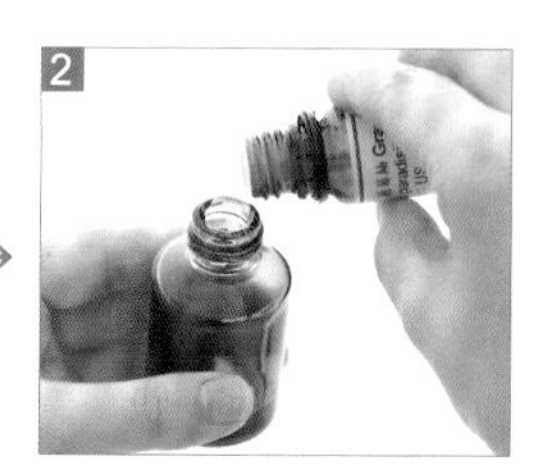

2 再滴入葡萄柚精油、玫瑰天竺葵精油、檸檬精油，然後蓋緊瓶蓋，以「前後搓滾」的方式搖動瓶身。

【延伸應用】

170 大西洋雪松代謝按摩油
如想增強代謝效果，可將玫瑰天竺葵精油換成大西洋雪松精油，它可促進皮下油脂分解，減少脂肪的囤積。

171 綠花白千層精油按摩油
如果皮膚較為敏感，可將檸檬精油換成綠花白千層精油，它不會刺激皮膚，並有促進組織生長、活化皮膚的功效。

Memo

適用膚質 各種肌膚均適用
保存期限 45天
保存方法 放置乾燥無陽光直射處，使用完畢記得鎖緊瓶蓋。

【使用方法與大腿按摩分解動作】

1

塗抹按摩油

採取坐姿，弓起左大腿。壓取適量按摩油於掌心稍加搓熱後，將手掌覆蓋於左膝上方，往左大腿根部輕推，使按摩油均勻附著於皮膚。

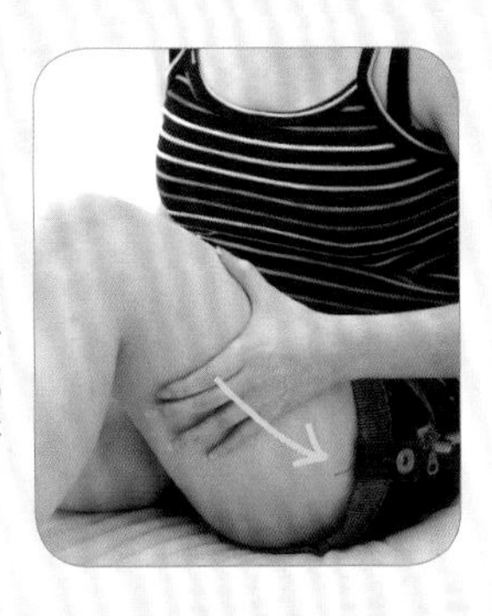

2

右手反掌推壓大腿

右手張開、翻轉手掌，使大拇指緊貼腿部內側、其餘四指貼在腿部外側，從膝蓋上方開始往大腿根部推壓，重複5次。

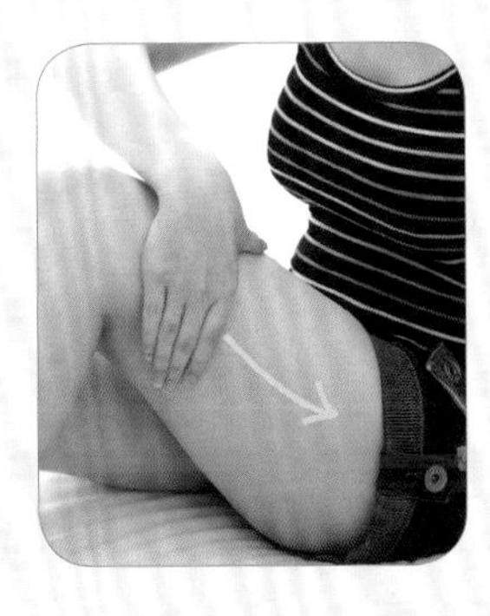

3

左手順掌推壓大腿

左手張開，順勢覆蓋於膝蓋上方，由下往上推壓至大腿根部，重複5次。

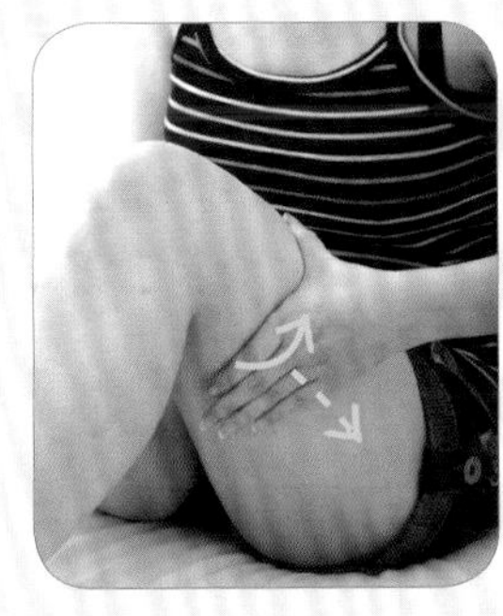

4

指關節按壓大腿外側

左手握拳，以指關節從左膝頭沿大腿外側進行按壓，重複5次。

5

手刀垂直敲壓大腿

再將左手掌攤平，以手刀方式垂直敲壓左大腿，從膝蓋往大腿根部重覆5次。

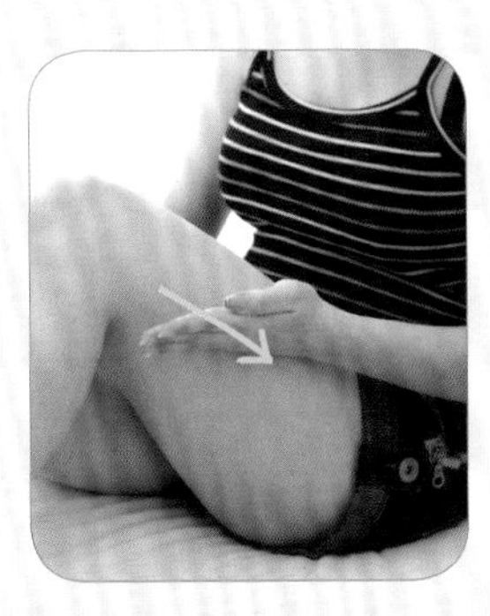

6

鬆肌安撫

最後雙手抓住大腿根部，再以指腹力量，由上往下輕壓，使肌肉得到放鬆。然後換腳，重複步驟1～6，進行右大腿之按摩。

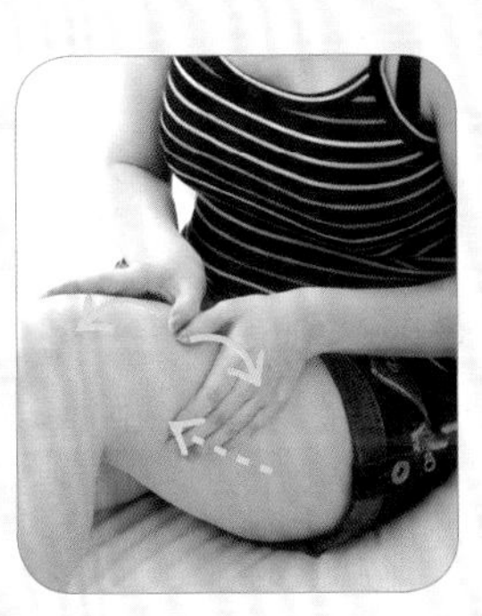

殺菌消毒，鎮痛止癢

172 薰衣草蜂蠟藥膏

薰衣草精油的成分極為複雜，因而具有消毒、殺菌、止痛、鎮定的功效，同時還能驅蟲、降血壓、消除腫脹及充血，用來做為藥膏，可說是最實用的家庭良藥、有備無患！

【工具】

攪拌棒	1支
150ml燒杯	1個
電子秤	1個
金屬鍋	1個
電磁爐（或瓦斯爐）	1個
50ml燒杯	1個
3ml空針筒	1支
10g鋁盒	1個

【材料】

蜂蠟	2g
薰衣草精油	3滴
茶樹精油	2滴
薄荷精油	1滴
荷荷芭油（液態蠟）	8ml

【作法】

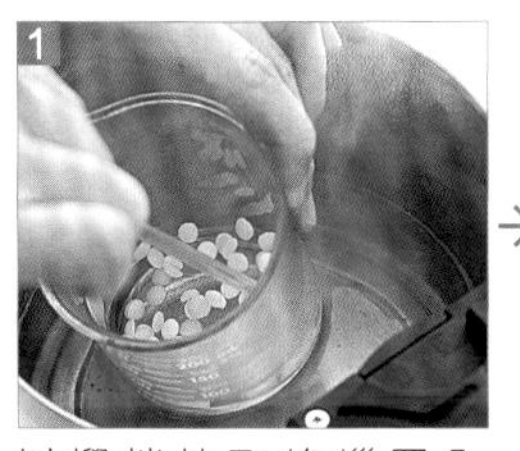

以攪拌棒取蜂蠟置入150ml燒杯中，並放在電子秤上、正確量出所需的2g後，將燒杯移至金屬鍋中，隔水加熱。

→

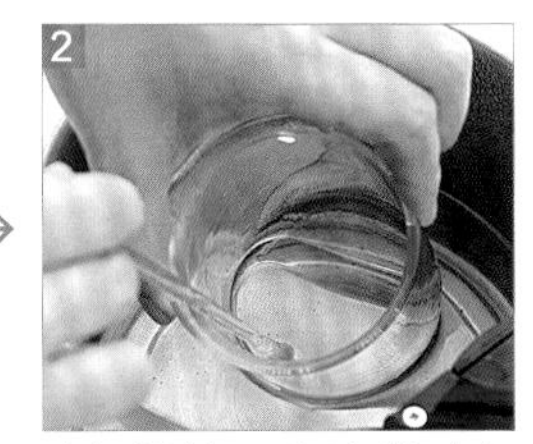

稍加攪拌，待蜂蠟融化為液狀後，關掉火源，但不要取出燒杯，仍靜置於熱水鍋中備用。

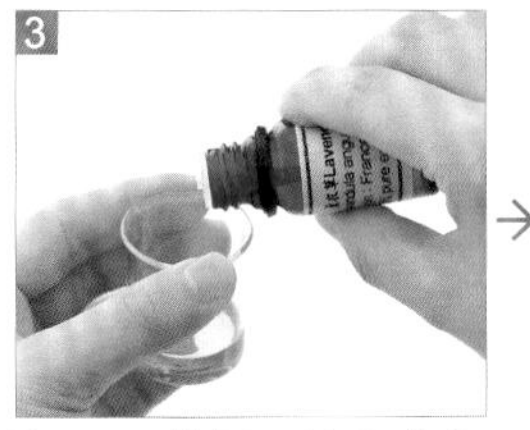

取50ml燒杯，滴入薰衣草精油3滴、茶樹精油2滴、薄荷精油1滴，再抽取荷荷芭油8ml滴入。

→

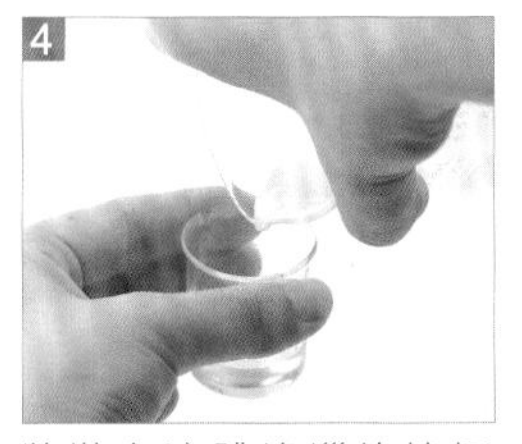

將裝有液體蜂蠟的燒杯從熱水鍋中取出，並將蜂蠟倒入50ml燒杯中。

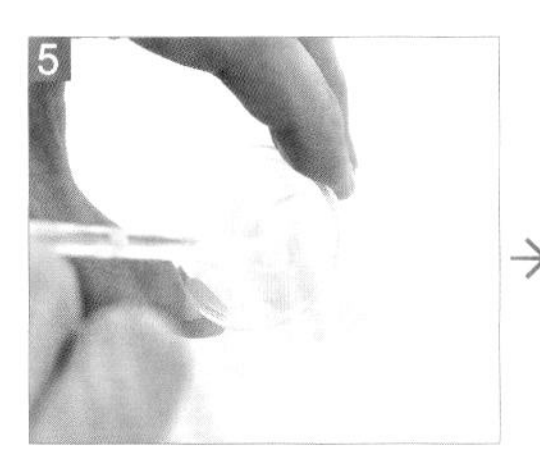

用攪拌棒將燒杯內所有材料攪拌均勻。

→

最後將燒杯中的混合物倒入鋁盒中，靜置10～20分鐘，直至凝固即可完成。

【延伸應用】

173 薰衣草凡士林藥膏

原配方中的蜂蠟是一種由工蜂所分泌的天然蠟，具有防水、固化的特性。若想加強保濕，可將蜂蠟換成凡士林，因為這種提煉自原油的半固體混合物具有極高的封閉性，可阻絕水分蒸發、形成保護膜，避免肌膚乾燥。

174 花梨木精油藥膏

若肌膚較為敏感，可將茶樹精油換成花梨木精油，除了同樣具有抗菌功效，它還具有溫和、不刺激的特質，適用於各種膚質。

175 澳洲尤加利精油藥膏

如想加強抗菌效果，可將薄荷精油的換成澳洲尤加利精油。此外，它的療傷功效極佳，能幫助傷口癒合、促進新組織生長。

176 羅馬洋甘菊花梨木藥膏

針對嬰幼兒，為減低藥膏中的刺激性，可將茶樹精油換成羅馬洋甘菊精油、薄荷精油換成花梨木精油，除了殺菌、抗感染，也具備良好的抗發炎療效，並同樣能舒緩疼痛、安撫鎮定。

Memo

適用膚質 所有膚質均適用

保存期限 約60天

保存方法 放置陰涼處，並避免陽光直射。

使用方法 如有蚊蟲叮咬、暈車頭痛等狀況，可將適量藥膏塗抹於皮膚或太陽穴等部位，稍加揉按即可。

貼心提醒 若覺藥膏太油膩，可將蜂蠟增加0.2g，並減少荷荷芭油0.2ml；反之，若覺不夠濕滑，則可將蜂蠟減少0.2g，增加荷荷芭油0.2ml。

促進皮膚收縮，緩減搔癢疼痛

177 薄荷清涼藥膏

薄荷精油最重要的成分是「薄荷腦」，這種成分能刺激皮膚的冷覺感受器產生冷覺反射，所以會給人帶來清涼的感受，並促使皮膚收縮，進而產生治療作用。做成藥膏，可以止痛、止癢，並因具有強大的殺菌及麻醉效力，有助緩和蚊蟲咬傷、灼傷、牙痛等不適，並可促進傷口癒合。

【工具】

3ml空針筒	1支
50ml燒杯	1個
攪拌棒	1支
150ml燒杯	1個
電子秤	1個
金屬鍋	1個
電磁爐（或瓦斯爐）	1個
10g鋁盒	1個

【材料】

荷荷芭油（液態蠟）	8ml
薄荷精油	3滴
檸檬精油	2滴
迷迭香精油	1滴
蜂蠟	2g

【作法】

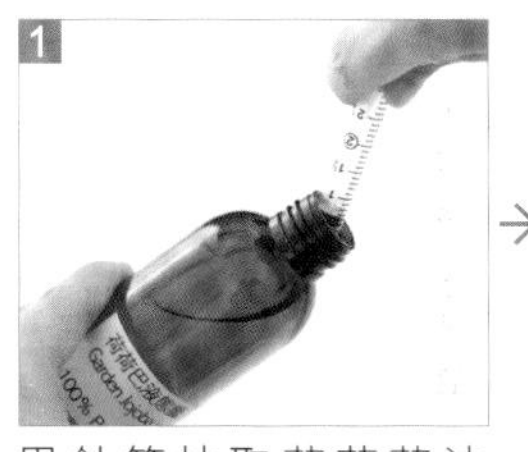

1 用針筒抽取荷荷芭油8ml，滴入50ml燒杯。

→

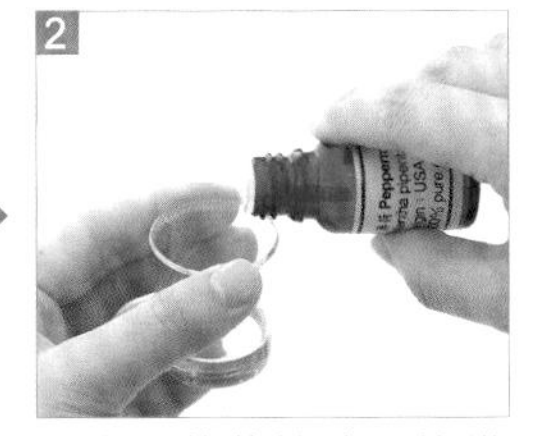

2 再滴入薄荷精油、檸檬精油、迷迭香精油，以攪拌棒拌勻後備用。

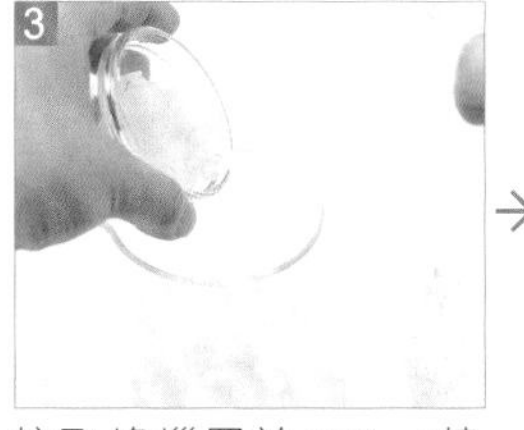

3 挖取蜂蠟置於150ml燒杯，並放在電子秤上正確量取所需的2g。

→

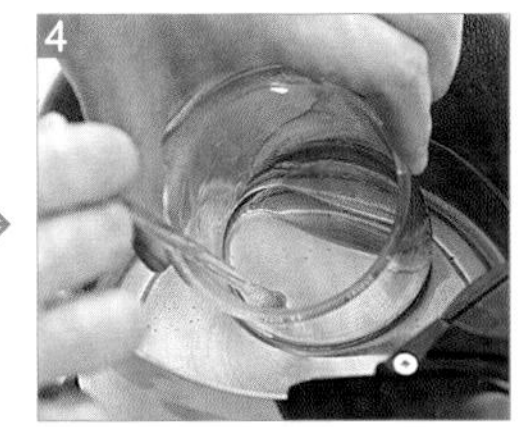

4 再將裝有蜂蠟的燒杯置於金屬鍋中隔水加熱，並一邊攪拌，使蜂蠟呈液態狀。

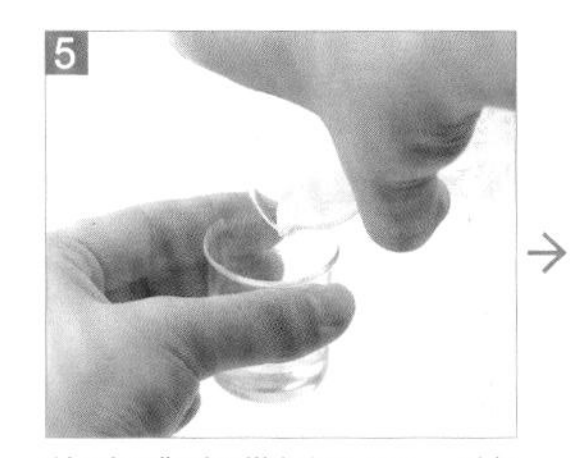

5 將液體蜂蠟倒入50ml燒杯中。

→

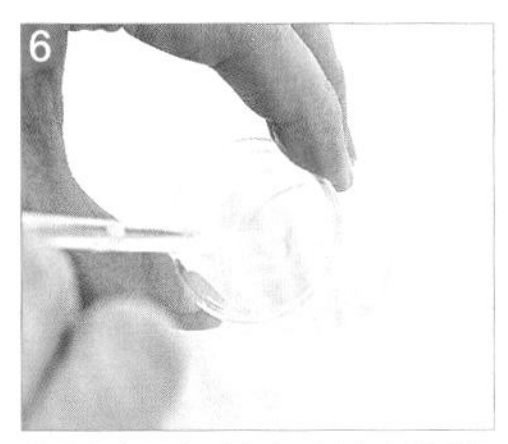

6 將燒杯中所有材料攪拌均勻，再倒入鋁盒靜置10～20分鐘，直至凝固即可。

【延伸應用】

178 薰衣草精油藥膏
如想加強鎮痛效果，可將檸檬精油換成薰衣草精油，除了同樣具有殺菌功效外，它還能夠消腫止痛。

179 苦橙葉精油藥膏
如想減低刺激性，可將檸檬精油換成苦橙葉精油，它屬於較溫和的殺菌劑，適合較柔嫩的肌膚，也可舒緩壓力。

180 乳香精油藥膏
針對呼吸道感染，可將迷迭香精油換成乳香精油，它是種有效的肺部殺菌劑，可以舒緩咳嗽、鼻塞、呼吸不順等症狀。

Memo

適用膚質 所有膚質均適用

保存期限 約60天

保存方法 避免陽光直射的陰涼處。

使用方法 ❶如有蚊蟲叮咬、暈車頭痛等狀況，可將適量藥膏塗抹於皮膚或太陽穴等部位，稍加揉按即可。
❷針對感冒所引發的呼吸道不適，可將藥膏塗在鼻孔下方及胸前，有助呼吸通暢。
❸也可用做刮痧膏，使用時可搭配刮痧板。

貼心提醒 若覺藥膏太油膩，可將蜂蠟增加0.2g，並減少荷荷芭油0.2 ml；反之，若覺不夠濕滑，則可將蜂蠟減少0.2g，增加荷荷芭油0.2ml。

讓肌肉放鬆，不再肩頸痠痛

181 快樂鼠尾草鎮痛貼布

長期壓力過大、姿勢不正，容易造成肩頸痠痛、腰痠背痛。在藥布中加入快樂鼠尾草精油、貼在不適的部位，能有效減輕緊張、舒緩肌肉緊繃，讓痠痛不適得以紓解。

【工具】

50ml燒杯	1個	無菌紗布	數片
攪拌棒	1支	夾鍊袋	1個
150ml燒杯	1個	固定貼布	1捲
電子秤	1個		
金屬鍋	1個		
電磁爐（或瓦斯爐）	1個		
挖棒	1支		

【材料】

荷荷芭油（液態蠟）	20ml
快樂鼠尾草精油	5滴
薰衣草精油	4滴
薄荷精油	3滴
蜂蠟	3g

【作法】

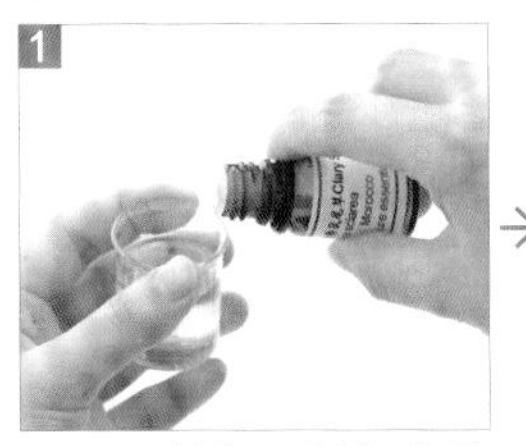

1 取50ml燒杯，倒入荷荷芭油，再滴入快樂鼠尾草精油、薰衣草精油、薄荷精油。

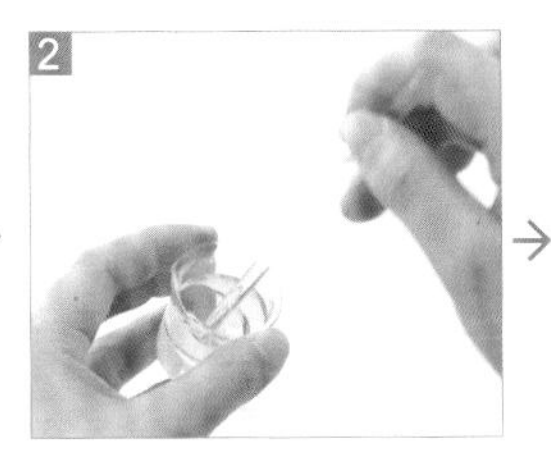

2 用攪拌棒將油品攪拌均勻後備用。

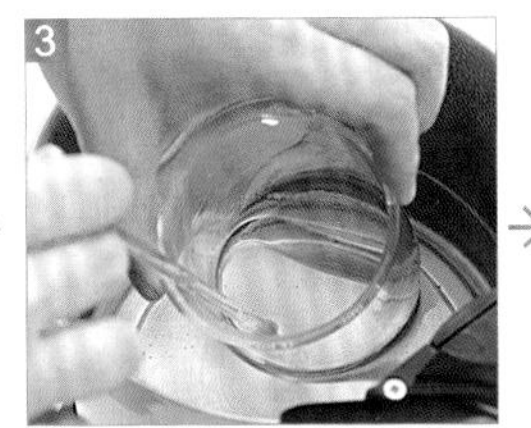

3 挖取蜂蠟放入150ml燒杯，並以電子秤量取3g後，再置於金屬鍋中隔水加熱，一邊攪拌，使融化為液體。

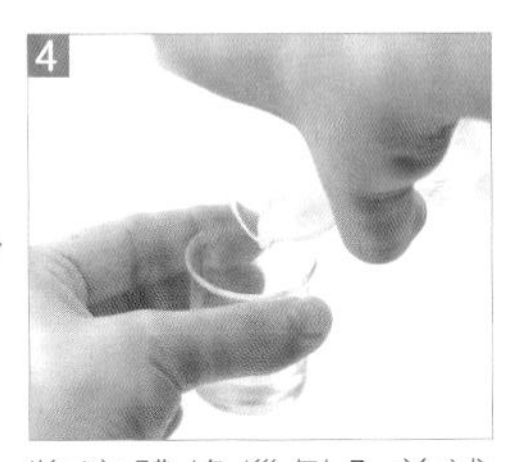

4 將液體蜂蠟倒入前述50ml燒杯中。

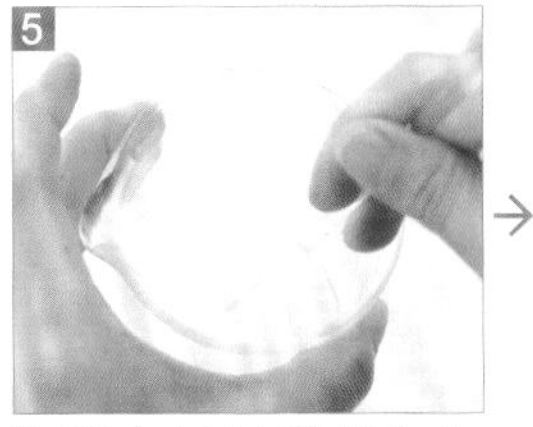

5 將所有材料攪拌均勻後，靜置約10～20分鐘，待其凝固後，便完成藥膏。

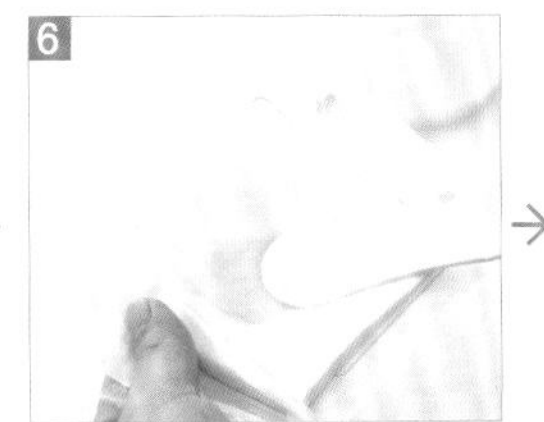

6 用挖棒挖取藥膏，均勻鋪平於紗布上。

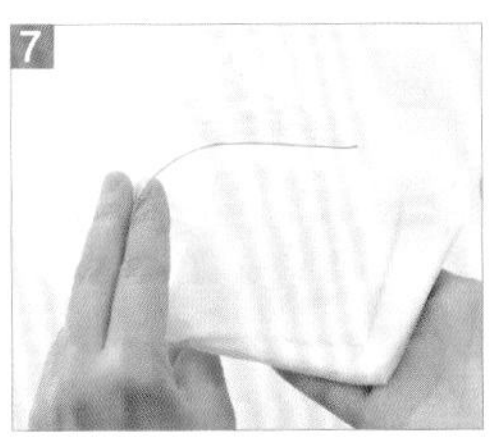

7 再將塗有藥膏的紗布裝入夾鍊袋中保存即可。

【延伸應用】

182 甜馬鬱蘭排毒貼布
針對運動過度造成的肌肉痠痛，可將薰衣草精油換成甜馬鬱蘭精油，它能加速血液循環、排有毒廢物，進而減輕肌肉僵硬及疼痛。

183 澳洲尤加利精油貼布
若因關節炎、纖維組織炎引發疼痛，可將薄荷精油換成澳洲尤加利精油，它是一種非常有效的局部止痛劑，可以幫助患者減輕不適。

184 苦橙葉精油貼布
若想去除薄荷的涼味，可用苦橙葉精油取代，它有溫和殺菌的功效，能適度保養皮膚。

Memo

適用膚質 所有膚質均適用

保存期限 7天

保存方法 放置陰涼處，並避免陽光直射。

使用方法
❶將塗有藥膏的紗布自夾鏈帶中取出。
❷剪取適當長度的貼布，並將藥膏紗布貼上固定。
❸再將貼布貼在肩頸、腰背、小腿、手臂等肌肉痠痛處，停留不超過6小時，再行去除即可。

告別扭拉傷，肌肉乳酸消失無蹤

185 迷迭香肌肉痠痛貼布

肌肉過度使用，會造成乳酸堆積，因而引發痠痛的狀況。除了按摩之外，在疼痛處貼上加入具有極佳止痛功效的迷迭香精油，能有效減輕不適，最適合運動過後疲倦、僵硬的肌肉。

【工具】

50ml燒杯	1個	無菌紗布	數片
攪拌棒	1支	夾鍊袋	1個
150ml燒杯	1個	固定貼布	1捲
電子秤	1個		
金屬鍋	1個		
電磁爐（或瓦斯爐）	1個		
挖棒	1支		

【材料】

荷荷芭油（液態蠟）	20ml
迷迭香精油	5滴
薰衣草精油	4滴
檸檬精油	3滴
蜂蠟	3g

【作法】

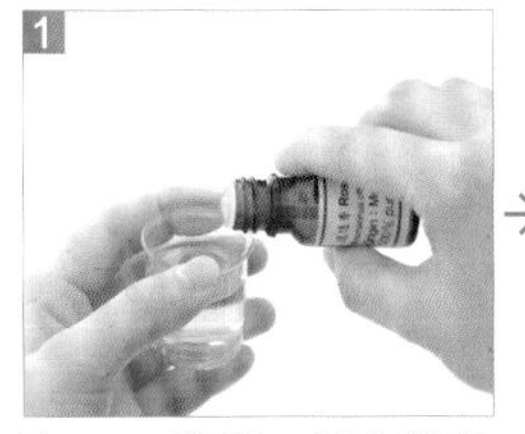

1 取50ml燒杯，倒入荷荷芭油20ml，再滴入迷迭香精油5滴、薰衣草精油4滴、檸檬精油3滴，攪拌均勻備用。

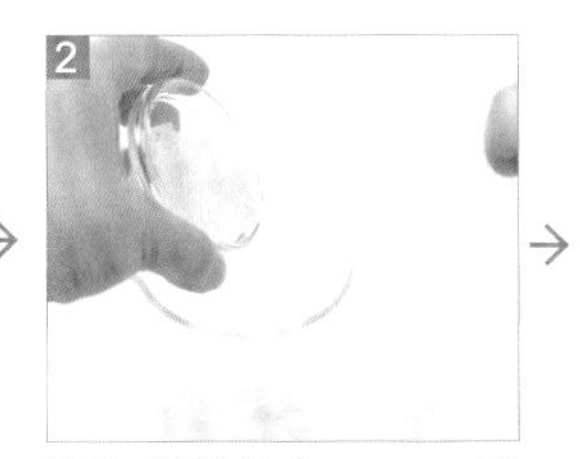

2 挖取蜂蠟放入150ml燒杯，並放在電子秤上，正確量取所需的3g。

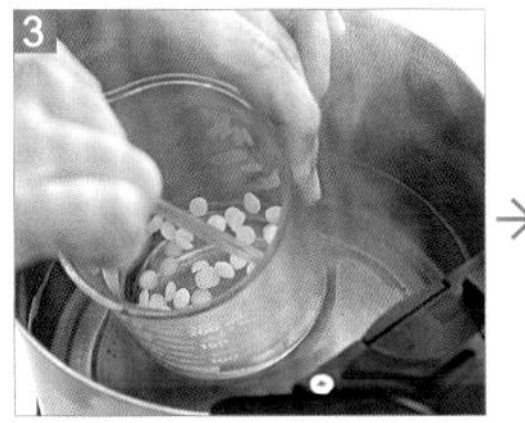

3 將裝有蜂蠟的燒杯置於金屬鍋中，隔水加熱。

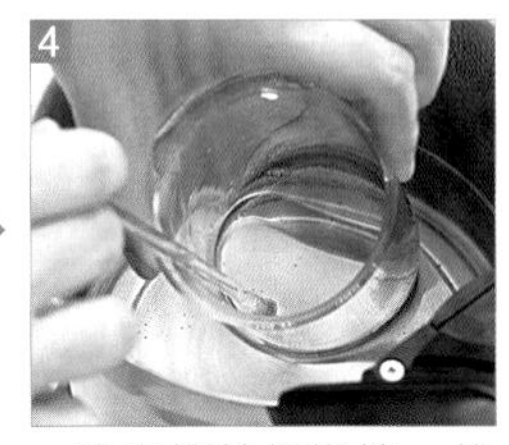

4 一邊用攪拌棒攪拌，使蜂蠟融化為液體。

5 將前述50ml燒杯裡的混合物倒入液體蜂蠟中。

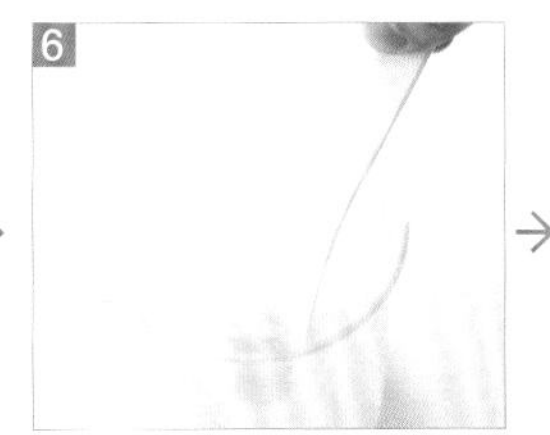

6 將所有材料攪拌均勻，靜置10～20分鐘，待其凝固，便完成藥膏。

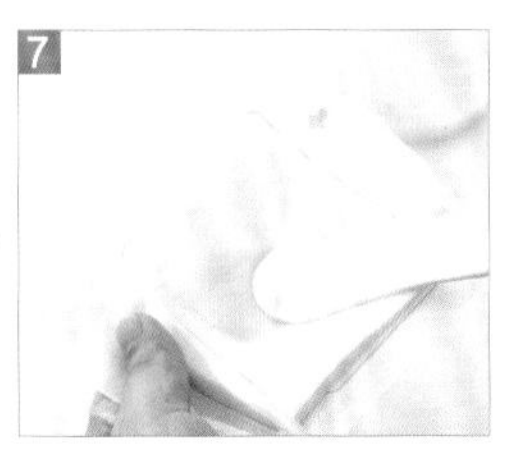

7 用挖棒挖取藥膏，均勻鋪平於紗布上，再裝入夾鍊袋保存即可。

【延伸應用】

186 乳香精油貼布

如有扭傷、瘀血，可將薰衣草精油換成乳香精油，它有止痛、化瘀、活血等功效，並有助平靜情緒。

187 甜馬鬱蘭精油貼布

針對運動過後的肌肉痠痛，可將檸檬精油換成甜馬鬱蘭精油，它可促進皮下微血管擴張，具有加速血液循環、排除廢物毒素的功效，能有助減輕肌肉過度使用帶來的不適。

188 依蘭依蘭精油貼布

也可將檸檬精油換成依蘭依蘭精油，它具有極佳的鬆弛效果，有助緩解肌肉緊繃。

Memo

適用膚質 所有膚質均適用

保存期限 7天

保存方法 放置陰涼處，並避免陽光直射。

使用方法 同P147

貼心提醒 若覺得藥膏質地太油，可再多加0.2～0.3g蜂蠟，但要注意勿將藥膏調得太硬，以免挖不動，前一款快樂鼠尾草鎮痛貼布亦同。

PART 6

自己做！從內而外改善肌膚的【情緒排毒調香法】

——青春痘、粉刺、掉髮，其實都是「心太累」的症狀！

所謂相由心生，
想擁有健康美麗的肌膚，
需要的不只是好的保養品，
更重要的是要有正向的心情！

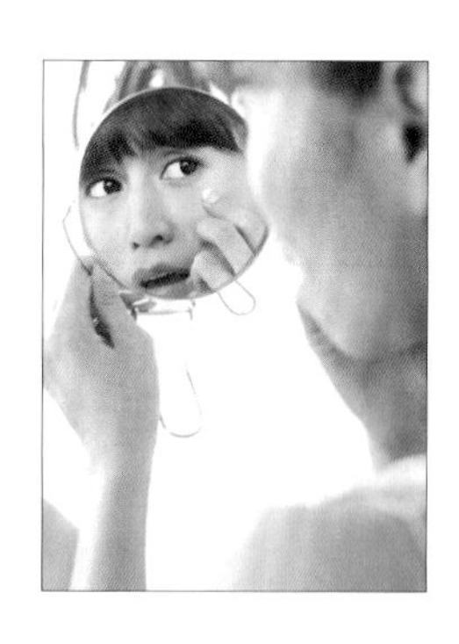

找尋屬於自己的香氛氣息，用好心情讓肌膚亮白美麗！

許多人期待擁有嬰兒般的肌膚，但我們也需要有像小孩子般愉快的心情。在找我諮詢的個案中，不乏青春痘、粉刺、皺紋、容易過敏、紅疹等皮膚狀況多的人，**身為一個氣息智能師、芳療師，我提供的是調整心靈能量上的建議**，否則使用再多的保養品，也未必能看到功效。

我們的情緒中樞邊緣系統，是神經系統很重要的一環，情緒會直接影響神經，心情好時腦部會分泌快樂賀爾蒙，維持神經系統健康；心情不好時，神經系統則會影響內分泌系統，內分泌又再牽連到免疫系統，這三大系統一旦失調，皮膚就很難維持健康，所以，好的心情才是美麗肌膚的鑰匙！

療癒界教母 —— 露易絲．賀（Louise L. Hay）在《創造生命的奇蹟》一書中說到，皮膚象徵身體上的「保護」，如果一個人覺得沒有安全感，很容易在皮膚上出問題。曾經有一位中年婦女，臉部長滿密密麻麻的青春痘，她一直覺得很奇怪，即使使用昂貴的保養品，作息也維持正常，但青春痘就是無法消去，她透過朋友介紹來找我諮詢，我與她長談後才發現，原來個案在婚前，事業做得有聲有色，但婚後便開始在家相夫教子，讓她內心感到缺乏成就感，總覺得不喜歡現在的自己。

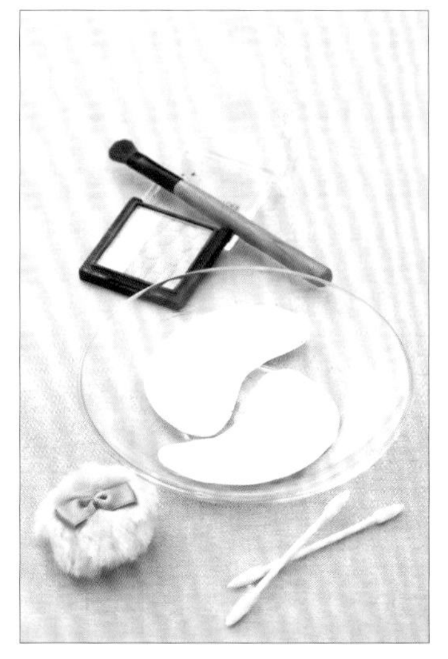

諮詢後我幫她選了幾款精油，讓她回去調製專屬自己的保養品，透過香氣喚醒內在最美好的自己，經過三個月，她皮膚上的痘痘已逐漸消失，身邊的朋友也感到非常好奇，於是她便開始分享自己這一路學會愛自己及自我接納的歷程，也讓更多人知道，皮膚的表相是由我們內在自己創造出來的。後來的她，雖然沒有再回歸職場或開創事業，但透過轉變念頭和心境，身體狀況也逐漸改善。

所以，芳療裡面說的「靈性」，其實是要我們去喚醒自己內在最真善美的區塊，體會香氣帶來的美好，學會真正愛自己！因此，我挑選了幾種常見的情緒症狀，和分享大家提升心靈能量的精油配方。過去大家都認為，要消滅痘痘一定要使用茶樹精油，但我的經驗證實，找到屬於自己的香氣，才是最好的調香搭配。希望你能從以下的配方中，找到專屬自己的香氛氣息。

01 青春痘

用苦橙葉精油，舒緩內心沒有自信的焦慮感

青春痘就醫學成因來說，是皮脂腺堵塞、發炎。

但按照皮膚的心靈語言，是因為對自己缺乏信心、無法肯定自己。有時候你會感覺到同儕、同輩親友，甚至路人，都比自己瘦和美，或是生活過得比自己理想；有時候面對他人的批評、指正，很容易會在心中無限放大，產生許多對自身的不滿意、或是變得無法接納自己，這都是沒有自信的展現，而反應在皮膚的方式，便是「冒青春痘」。

其實，我們都是獨一無二的，不需要跟別人比較。只有當你先去肯定自己的特別，才能感受到旁人對你的關愛，而不是只接收到負面的指責。多愛自己一些，就能越來越活出喜歡的樣子！

希望能提升信心、改善青春痘，你可以試試看這5款精油和3種調香方法！

推薦精油

1. 苦橙葉精油

皮膚療效 苦橙葉本身具有良好的控油效果。

心靈療效 它的香味能助人放鬆，讓人去傾聽自我內在的聲音，並更加相信自身的直覺力、重拾信心。對於「多愛自己一些」有很好的提醒效果。

2. 甜馬鬱蘭

皮膚療效 具有鎮靜肌膚的效果，能幫助消炎退紅。

心靈療效 希臘神話中，甜馬鬱蘭是掌管愛與美的女神——維納斯最珍愛的香草，它能撫慰內心，擴大自我表達的能力及自我接受。

3. 茶樹

皮膚療效 對於消除痘痘及清潔皮膚有顯著的效果。

心靈療效 能幫助人說出內心真實的想法，面對焦慮與不安時，也能提供自挫敗中復原的鬥志。

4. 玫瑰天竺葵

皮膚療效 平衡肌膚狀況，消炎保濕。

心靈療效 玫瑰天竺葵的香氣能夠平衡感性與理性，釋放過度自我要求所帶來的壓力。

5. 快樂鼠尾草

皮膚療效 調節皮脂分泌、清潔皮膚。

心靈療效 快樂鼠尾草在中世紀有著「清澈之眼」之稱，能幫助人看清、分析眼前的狀態，停止不安與焦慮。

調香方法

① 將保濕洗面皂和去油洗面皂的配方改成「苦橙葉5滴、玫瑰天竺葵3滴、快樂鼠尾草2滴」。（P61步驟③及P63步驟④）

② 將平衡精華液和除痘精華液的配方改成「甜馬鬱蘭5滴、玫瑰天竺葵4滴、茶樹2滴」。（P79步驟④及P81步驟④）

③ 將呵護調理乳液和緊緻保濕乳液的配方改成「玫瑰天竺葵4滴、苦橙葉2滴、甜馬鬱蘭2滴」。（P75步驟⑤及P77步驟⑤）

02 黑頭粉刺 用檸檬精油，平和憤怒、冷靜面對生命的考驗

「粉刺」是指皮脂、角質及外來髒東西等塞住毛孔的髒汙。汙垢長期在毛囊裡就會生成黑頭粉刺，這就像是內心不斷積累、醞釀出的負面情緒。

黑頭粉刺代表的心靈語言是：你時常發怒、生氣，總有事情讓自己感到不滿意，生活中也容易出現不耐煩或焦急、暴躁的時刻。

這時候，你應該放下自己的急性子，試著深呼吸讓自己冷靜下來，平息情緒，再換個角度去看待出現在生命中的人事物。要知道衝動的情緒對處理問題無濟於事，學習讓自己平靜、自在地應對不在預期中的狀況與課題才是解決之道。

以下推薦5款精油和3種調香方法，很適合用來緩和易怒的脾氣，對於改善黑頭粉刺有很大的幫助！

推薦精油

1.檸檬

皮膚療效 美白、消炎、清潔。

心靈療效 氣味能讓人保持清醒、冷靜，並且有智慧地去評斷事情，讓自己不急躁、不陷入情緒中或被憤怒左右。

2.大西洋雪松

皮膚療效 改善粉刺、調理油性肌膚、消炎。

心靈療效 大西洋雪松象徵有力量去面對周遭環境的侵擾，讓人獲得如冰天雪地的雪松般，屹立不搖的力量。

3.薰衣草

皮膚療效 平衡油脂分泌、促進細胞再生。

心靈療效 能讓人從容不迫地表達自我，理性沉著，用不強勢且放鬆的態度面對事情。

4.沉香醇百里香

皮膚療效 消毒傷口，化膿、化瘀的傷口復原。

心靈療效 增加勇氣、強化自我表達，不沉默以對或是把情緒累積在身體裡。

5.杜松

皮膚療效 消除粉刺痘痘、調理油性皮膚、消炎。

心靈療效 淨化內在的負面能量，幫助情緒排毒。

調香方法

1. 將保濕洗面皂和去油洗面皂的配方改成「杜松5滴、大西洋雪松3滴、檸檬2滴」。（P61步驟③及P63步驟④）
2. 將平衡精華液和除痘精華液的配方改成「沉香醇百里香5滴、薰衣草4滴、檸檬3滴」。（P79步驟④及P81步驟④）
3. 將亮肌化妝水和平衡油脂化妝水的配方改成「薰衣草10滴、檸檬5滴、杜松5滴」。（P71步驟②及P73步驟①）

03 白頭粉刺

用依蘭依蘭精油，放下無法達成的目標，不完美也是一種完美

黑頭粉刺尚未氧化前正是「白頭粉刺」。

白頭粉刺代表的心靈語言是：過度完美主義。完美主義的你會對自己有太多嚴苛的要求，而且總是很在意他人對自己的看法，很怕自身的缺點被人發現，因而時常憂心、焦慮。

從今天起，學會接納此時此刻的自己，放下不合理的鞭笞與期望，就算不夠完美，也能從中發現值得讚賞的部分。

如果始終無法接受自身缺點，白頭粉刺很難消除，這5款精油和3種調香方法都能對你有很大的幫助！

推薦精油

1. 依蘭依蘭

皮膚療效 平衡油脂分泌，緊緻肌膚。

心靈療效 放下容易沮喪的心情，重新面對自己，不再害怕不被他人喜歡。

2. 葡萄柚

皮膚療效 控油、消炎、調節阻塞的毛孔。

心靈療效 釋放對自身的責備與挫折感，恢復自信與找回自我價值。

3. 玫瑰草

皮膚療效 保濕、調節皮脂分泌量、調理粉刺及痘痘。

心靈療效 傾聽內在的聲音，真實地表達自我感受。

4. 檸檬香茅

皮膚療效 調理閉鎖型毛孔、殺菌、緊緻皮膚。

心靈療效 讓心能更加開闊，不再執著於對錯或始終無法達到的目標。

5. 澳洲尤加利

皮膚療效 殺菌、消炎、淡化痘疤。

心靈療效 不再將事情的成敗定奪於他人給的掌聲、或取決於有多少關注的眼光。全然自在地做自己。

調香方法

❶ 將控油卸妝凝露和煥顏卸妝凝露的配方改成「依蘭依蘭4滴、葡萄柚3滴、澳洲尤加利1滴」。（P53步驟⑤及P55步驟⑤）

❷ 將平衡精華液和除痘精華液的配方改成「玫瑰草5滴、葡萄柚4滴、檸檬香茅2滴」。（P79步驟④及P81步驟④）

❸ 將亮肌化妝水和平衡油脂化妝水的配方改成「依蘭依蘭10滴、澳洲尤加利4滴、檸檬香茅2滴、葡萄柚4滴」。（P71步驟②及P73步驟①）

04 疹子

用永久花精油，放慢生活步調，不再慌張、急性子

有時皮膚可能會出現「紅、發癢、疙瘩」等病症，這些統稱為疹子。

而疹子代表的心靈語言是：你做事總是太急躁，且當事情沒有按照自己的想法或步調進行時，就很容易感到不愉快，甚至會覺得不被大家理解、得不到應有的尊重。

有這樣的狀況或感受時，要告訴自己，其實我們不需要時時刻刻都得到他人的認同或關注，按部就班做好分內的任務，生命中的事情自然會有最好的安排。

時常焦慮、緊張，皮膚出現疹子，就用推薦的5款精油和3種調香方法，製作保養品吧！

推薦精油

1. 永久花

皮膚療效 化瘀、鎮靜肌膚

心靈療效 永久花又稱為不凋花，溫暖的香氣讓人縱使面對意料之外的狀況，也能保有安全感，用平常心面對，並平息自我否定及自我批判的想法。

2. 羅馬洋甘菊

皮膚療效 舒緩過敏、消炎、安撫敏感性肌膚。

心靈療效 溫暖的青蘋果香，能讓人重拾赤子之心，獲得有如洋甘菊花朵般，面向陽光的正面能量。

3. 絲柏

皮膚療效 舒緩緊繃的神經，使皮膚得到安撫與收斂。

心靈療效 絲柏明快的香氣，能增加內在的決心及行動力，使情緒不被干擾，也讓自己更強而有力地發揮執行效率。

4. 迷迭香

皮膚療效 舒緩浮腫、消炎止癢。

心靈療效 迷迭香的醒腦作用，能讓人發揮無窮的想像力，透過想像力與創意，你也能更不慌張、自在地完成手邊任務。

5. 薰衣草

皮膚療效 抗過敏，舒緩皮膚癢及紅腫。

心靈療效 薰衣草助人放鬆的香氣，能使人放慢腳步，較輕鬆地享受過程，也學會包容每個階段中的不盡人意。

調香方法

1. 將肩頸按摩油和舒背按摩油的配方改成「薰衣草8滴、永久花6滴、迷迭香4滴」。**（P134步驟②及P136步驟②）**
2. 將紓壓頭皮按摩油和活化頭皮按摩油的配方改成「羅馬洋甘菊3滴、絲柏2滴、迷迭香1滴」。**（P113步驟②及P115步驟②）**
3. 將平衡精華液和除痘精華液的配方改成「薰衣草5滴、羅馬洋甘菊4滴、永久花3滴」。**（P79步驟④及P81步驟④）**

05 濕疹 用玫瑰草精油，釋放壓力，愉快承擔工作責任

濕疹代表的心靈語言是：此時此刻正被太多的事情壓迫，或無法承擔眼前的壓力。

有時候會覺得，好像大家都在逼你做一些不喜歡的事，生活充滿著壓力。常常只是想一個人安靜的獨處，或做自己有興趣的事，但卻被過多的期待、期限追趕著。

這時可以告訴自己，要相信自己是一個重要的角色，所以才會承擔這麼多事情和責任。學會強化抗壓性，享受被人信賴、託付的感受，並對現在正在做的事情懷抱熱忱！

我在這裡推薦5款精油和3種調香方法，對於提升抗壓能力、改善濕疹都有很大的幫助！

推薦精油

1. 玫瑰草

皮膚療效 調理乾燥皮膚、舒緩濕疹帶來的不適感，刺激細胞再次生長。

心靈療效 玫瑰草跟玫瑰精油一樣，具有撫慰心靈的效果，並且能讓你傾聽內在的聲音，釋放壓抑的情緒。

2. 丁香

皮膚療效 止癢、消炎，由於具有刺激性，一次只能使用低劑量。

心靈療效 了解自身內在的狀態，有時頭腦和行為無法同步前進時，能幫助看見自我極限，以面對和突破。

3. 沒藥

皮膚療效 能控制有滲液的傷口，止癢、消炎。

心靈療效 沒藥在古埃及被認為是一種恩典及祝福，同時也是治療心靈、安撫及平靜情緒的乳膏，能強化自我內在的力量、信心與勇氣。

4. 甜橙

皮膚療效 增進膠原蛋白合成，舒緩且鎮靜不安的皮膚。

心靈療效 甜橙的香氣能讓人感受到自由與開闊，從中釋放自我批判及對自身過度的要求。

5. 薄荷

皮膚療效 止癢、止痛、消炎。

心靈療效 薄荷是一種熱情的香氣，透過薄荷般的分享力，能幫助你發揮自身的使命感，不再把考驗當成壓力，而是化為助力。

調香方法

1. 將亮肌化妝水和平衡油脂化妝水的配方改成「玫瑰草8滴、玫甜橙6滴、薄荷6滴」。（P71步驟②及P73步驟①）
2. 將呵護調理乳液和緊緻保濕乳液的配方改成「沒藥3滴、丁香1滴」。（P75步驟⑤及P77步驟⑤）
3. 將平衡精華液和除痘精華液的配方改成「薄荷5滴玫瑰草4滴、沒藥3滴」。（P79步驟④及P81步驟④）

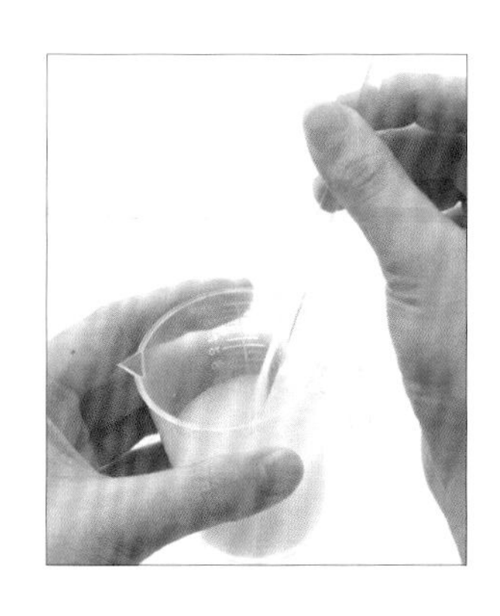

06 掉髮 用快樂鼠尾草精油，學習信任他人，收斂過度的控制慾

掉髮量變多的原因有很多種，但反應出來的心靈語言是：內心很害怕事情不在自己的掌控範圍內，常常緊張、焦慮，容易懷疑自己，也很難信任他人。

當你意識到自己有過多的控制慾，患得患失時，要告訴自己，太重視一段關係，會讓對方沒有空間；太想掌控全局，會使夥伴感到不被信任。學著相信、敞開心胸接納，才會讓自己和旁人感到舒服、自在，事情和感情也得以繼續順利發展。

如果突然大量掉髮，生活感到缺乏安全感，試試看下面這5款精油和3種調香方法吧！

推薦精油

1. 快樂鼠尾草

皮膚療效 刺激毛囊生髮，呵護頭皮健康。

心靈療效 快樂鼠尾草是具有方向性和指標性的香氣，能讓人看清楚眼前方向，一旦方向明確，就不會恐懼及渴望過多的控制，也增加自我的安全感。

2. 迷迭香

皮膚療效 幫助生髮，活化頭皮及毛囊。

心靈療效 迷迭香的香氣會讓人活化腦部，使思考更加靈活、不僵化。

3. 玫瑰

皮膚療效 活化肌膚、安撫敏感頭皮。

心靈療效 玫瑰是以愛為名的一種香氣，愛的另一個面向是信任，透過玫瑰的溫暖，提醒自己需要學會信任。

4. 沉香醇百里香

皮膚療效 增加頭皮抵抗力，調理頭皮油脂分泌。

心靈療效 百里香的香氣具有勇敢的特質，小小的百里香是很能打仗的高手，對於消毒或殺菌都有顯著的能力，因此也能加強從困境中自我復原的能力。

5. 肉豆蔻

皮膚療效 促進頭皮血液循環。

心靈療效 肉豆蔻溫暖及清新的香氣，給人踏實與安全感，透過香氣使內心被鼓勵填滿，也有能量繼續向前進。

調香方法

1. 將抗敏洗髮精和紓壓洗髮精的配方改成「快樂鼠尾草10滴、迷迭香6滴、肉豆蔻4滴」。（P109步驟⑥及P111步驟⑥）
2. 將紓壓頭皮按摩油和活化頭皮按摩油的配方改成「快樂鼠尾草2滴、百里香3滴、玫瑰1滴」。（P113步驟②及P115步驟②）
3. 將肩頸按摩油和舒背按摩油的配方改成「快樂鼠尾草8滴、迷迭香6滴、玫瑰4滴」。（P134步驟②及P136步驟②）

07 蕁麻疹

用岩蘭草精油，樂觀看待問題，
不把事情想得太壞

蕁麻疹是一種過敏反應，而它代表的心靈語言是：內心總是把每件事都看得太認真、太嚴重，容易庸人自擾，或是逼得自己喘不過氣。

學會用平常心看待，也不過度悲觀，會發現有時候事情沒有你想得那般困難。

希望能擺脫負面想法，改善突然出現的蕁麻疹，以下5款精油和3種調香方法都很適合！

推薦精油

1. 岩蘭草

皮膚療效 增加皮膚免疫力，鎮靜神經，平衡中樞神經系統。

心靈療效 岩蘭草有著雨後泥土的香氣，能讓人獲得被洗滌及受大地之母保護的感覺，使情緒平靜，重新找回與自我的連結與身心靈的平衡。

2. 澳洲尤加利

皮膚療效 止癢、抗過敏。

心靈療效 解除受困的心靈狀態，跳脫悲觀及無可奈何的負面情緒，使內心獲得真正的開朗及自由。

3. 玫瑰乳香

皮膚療效 促進頭皮的血液循環。

心靈療效 乳香在古埃及象徵著與神連結的力量，溫暖平和的香氣，能為你帶來寧靜與精神上的解放。

4. 天竺葵

皮膚療效 消炎、止癢、抗過敏。

心靈療效 舒緩緊張的情緒，使感性與理性獲得平衡。

5. 松針

皮膚療效 抗過敏及消炎，平衡免疫系統、抗皺。

心靈療效 找回自我價值與自我認同，不再被環境左右情緒，平靜地看待每件事物。

調香方法

❶ 將抗痘沐浴乳和絲滑沐浴乳的配方改成「甜岩蘭草10滴、松針10滴、澳洲尤加利10滴」。（P117步驟⑥及P119步驟⑥）

❷ 將蜂蠟藥膏和清涼藥膏的配方改成「澳洲尤加利3滴、玫瑰天竺葵2滴、乳香1滴」。（P143步驟③及P145步驟②）

❸ 將舒背按摩油的配方改成「玫瑰乳香6滴、澳洲尤加利7滴、岩蘭草5滴」。（P136步驟②）

08 皮膚發癢 用杜松精油，獲得突破現狀的決心與勇氣

有時皮膚會沒來由地發癢，而反應出來的心靈語言是：心裡有一直很想去做的事，但缺乏勇氣去實踐或完成。渴望跳脫現狀，卻總覺得有阻礙讓自己沒辦法全力以赴。

這個時候，要試著相信自己是可以改變、突破眼前困難的，努力滿足內在的想法與願望，別再覺得無能為力，只要下定決心，生活就可以不一樣。

渴望拾得勇氣、改善原因不明的皮膚發癢，用這5款精油和3種調香方法製作的保養品，也許能對你有很大的幫助！

推薦精油

1.杜松

皮膚療效 調理油性膚質、舒緩皮膚炎及濕疹。

心靈療效 解放我們害怕失敗的心境，放下因過去不好的經驗產生的恐懼。

2.澳洲尤加利

皮膚療效 止癢、抗過敏。

心靈療效 跳脫舊有的思維模式，用新的角度看事情，突破現狀，不再安逸於習慣的生活。

3.沉香醇百里香

皮膚療效 止癢、消炎。

心靈療效 溫暖但有力量的香氣，能幫助打開心結，無條件接受自己，並克服心中的無力感。

4.絲柏

皮膚療效 增加肌膚循環代謝。

心靈療效 絲柏明快的香氣，能幫助我們清楚設定目標，在過渡停滯期也能轉化困境與改變自己。

5.葡萄柚

皮膚療效 調節阻塞的毛孔、增加肌膚代謝。

心靈療效 釋放過多的完美主義，重新建立自我形象。幫助與自我內在對話，和自己和好，放下過不去的難關。

調香方法

1. 將平衡精華液和除痘精華液的配方改成「杜松5滴、澳洲尤加利4滴、沉香醇百里香3滴」。（P79步驟④及P81步驟④）
2. 將亮肌化妝水和平衡油脂化妝水的配方改成「杜松7滴、澳洲尤加利8滴、絲柏5滴」。（P71步驟②及P73步驟①）
3. 將抗痘沐浴乳和絲滑沐浴乳的配方改成「杜松10滴、絲柏8滴、葡萄柚12滴」。（P117步驟⑥及P119步驟⑥）

09 橘皮組織｜用松針精油，擺脫自責與內疚，看見自己存在的價值

當皮膚上出現橘皮組織時，反應出來的心靈語言是：內心感到自責及內疚。你很容易覺得自己做得不夠好，或總害怕自己會把事情搞砸，感到自身很渺小。

其實，你應該釋放對自己的批判，好好享受生命，多去發現自己的優點，因為你一定有存在的價值，且是值得被愛的。

改善橘皮組織，必須卸下對自我的質疑，我在這裡推薦5款精油和3種調香方法，做出喜愛且對症下藥的保養品吧！

推薦精油

1. 松針

皮膚療效 疏通淋巴，調理阻塞的皮膚狀態。

心靈療效 釋放自責與內疚，發現自我價值，增強自信。

2. 杜松

皮膚療效 消除水腫及增加代謝。

心靈療效 忘卻童年時期的壓抑及傷害，透過轉化的過程，撫慰內在受傷的過去，活出真實的自我。

3. 葡萄柚

皮膚療效 對抗橘皮組織，加強皮膚新陳代謝。

心靈療效 釋放覺得自己不夠好的完美主義，體會自身的存在是值得的，每個人都有自己的價值。

4. 薄荷

皮膚療效 增加皮膚新陳代謝。

心靈療效 提振低落的情緒，找回最原始的初衷及膽識，開創內在的爆發力。

5. 甜茴香

皮膚療效 減緩皺紋，維持皮膚彈性。

心靈療效 在中古世紀時，甜茴香被拿來對抗邪靈，象徵著一種自信與篤定的力量，能夠抵抗外在的負面攻擊。

調香方法

❶ 將美腿按摩油的配方改成「松針7滴、杜松6滴、葡萄柚5滴」。（P140步驟②）

❷ 將緊腹按摩油的配方改成「葡萄柚7滴、薄荷6滴、甜茴香5滴」。（P138步驟②）

❸ 將舒背按摩油的配方改成「薄荷7滴、杜松6滴、松針5滴」。（P136步驟②）

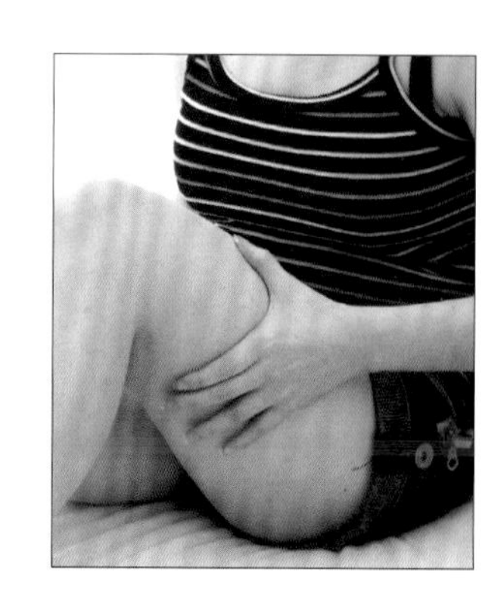

10 皮膚問題 用甜橙精油，走出過去的陰影和恐懼，找到自由的生活方式

當皮膚突然異於平常、出現狀況時，反應出來的心靈語言是：生活中有太多事情要處理，超過自己的可負荷範圍，並且擔心無法妥善處理好。每天都感到焦慮，好像總在跟時間賽跑，也覺得付出很多，卻得不到他人的肯定。

這時候可以告訴自己，我們的每一分、每一秒其實都是自由的，不必要為任何人而活，也不需要活在曾經的恐懼裡，相信自己，每個時刻都可以是新的開始。

需要舒緩生活壓力、改善皮膚狀況，用以下我在這裡推薦的5款精油和3種調香方法，來重拾心靈和肌膚上的自由！

推薦精油

1.甜橙

皮膚療效 增加皮膚彈性，促進膠原蛋白合成。

心靈療效 釋放內心的不安，透過甜甜的香氣找到內在的快樂泉源，獲得寬廣的自由與自在。

2.薰衣草

皮膚療效 促進細胞再生、美白、平衡油脂分泌。

心靈療效 薰衣草源自於拉丁文「洗滌」的意思，能洗去內心的不安及恐懼，讓心情達到真正的放鬆。

3.羅馬洋甘菊

皮膚療效 抗過敏、消炎、鎮靜並舒緩肌膚不適。

心靈療效 羅馬洋甘菊有如陽光般的綻放，能帶給人正向能量，讓自己的黑暗面被光照耀，重現好心情。

4.檸檬

皮膚療效 美白、去角質、控油。

心靈療效 檸檬清香及清新的香氣，能幫助釋放壓抑的情緒，調理歇斯底里的焦躁感。

5.松針

皮膚療效 類似類固醇的成分，能幫助皮膚抗過敏及控油，平衡油性肌膚。

心靈療效 找到自我價值，不再被過去的經驗綑綁，看見自己更多未來的可能性。

調香方法

1. 將浴鹽的配方改成「甜橙8滴、薰衣草7滴、松針5滴」。（**P121步驟②**）
2. 將肩頸按摩油的配方改成「羅馬洋甘菊6滴、檸檬7滴、松針5滴」。（**P134步驟②**）
3. 將足療按摩鹽的配方改成「檸檬8滴、薰衣草7滴、甜橙5滴」。（**P123步驟⑤**）

芳療，讓身心靈皆美的天然良方！

與香氣為伍的生活，至今已佔據我的一大半人生，因為香氣，我認識了許多人；因為香氣，我體驗到不同的人生；因為香氣，我感受到宇宙運行的浩瀚能量；也因為香氣，喚醒我內心的感覺與感動。

當初因為不孕症，讓我一腳踏入芳療的世界，現在又在芳療中，看到不同的天空。突然很想感謝當年的病症，讓我得以擁有往後這些際遇。有時候宇宙要送妳一份禮物時，並不一定會用美麗的包裝紙包裹著，反而會用醜陋的外包裝，考驗著我們是否有「勇氣」打開，也正因為我們有勇氣，最後才能夠獲得這份珍貴的禮物！

因為現在的我成功拆開這份禮物，所以希望藉由書中的內容，將這樣得到的寶物與大家分享。芳香是一種生活理念，也是一種生活態度，我們不需要向外尋求，只要問自己：「我喜歡什麼香味？」透過這樣的香氣去調製適合自己的保養品，就能讓每一天從開始到結束，都沉浸在美好的香氛氣息裡！

此次的增訂版中，我增加在諮詢過程中，看見的各式「皮膚與心靈能量」間產生的互動關係，讓每個人都能學會閱讀皮膚發給我們的訊息。能再次出版，我要感謝的人有太多太多，那就總和為 —— 謝天和謝地吧！謝謝來訪我生命中的每個人，也謝謝願意打開這本書的您，讓我們一起走入美好的香氛世界！

國立台灣師範大學健康促進與衛生教育學系碩士
美國國家整體芳療協會NAHA高階芳療師

台灣廣廈 國際出版集團
Taiwan Mansion International Group

國家圖書館出版品預行編目（CIP）資料

純天然精油保養品DIY全圖鑑【暢銷增訂版】：專業芳療師教你用10款精油,作出218款從清潔、保養到美體、紓壓的美膚聖品 / 陳美菁著.. -- 初版. -- 新北市：蘋果屋, 2018.07
面； 公分
ISBN 978-986-95424-9-4 (平裝)

1.化妝品 2.香精油

466.7 107006590

純天然精油保養品DIY全圖鑑【暢銷增訂版】

專業芳療師教你用10款精油，做出218款從清潔、保養到美體、紓壓的美膚聖品

作　　者／陳美菁
編輯中心編輯長／張秀環
編輯／金佩瑾
封面設計／林嘉瑜・**內頁排版**／何偉凱
製版・印刷・裝訂／東豪・弼聖・秉成

行企研發中心總監／陳冠蒨
媒體公關組／陳柔彣
綜合業務組／何欣穎
線上學習中心總監／陳冠蒨
數位營運組／顏佑婷
企製開發組／江季珊、張哲剛

發 行 人／江媛珍
法律顧問／第一國際法律事務所 余淑杏律師・北辰著作權事務所 蕭雄淋律師
出　　版／台灣廣廈有聲圖書有限公司
地址：新北市235中和區中山路二段359巷7號2樓
電話：（886）2-2225-5777・傳真：（886）2-2225-8052

代理印務・全球總經銷／知遠文化事業有限公司
地址：新北市222深坑區北深路三段155巷25號5樓
電話：（886）2-2664-8800・傳真：（886）2-2664-8801
郵政劃撥／劃撥帳號：18836722
劃撥戶名：知遠文化事業有限公司（※單次購書金額未達1000元，請另付70元郵資。）

■出版日期：2018年07月
■初版十一刷：2024年04月
ISBN：978-986-95424-9-4

作　　者：崔允鏡
譯　　者：張雅眉
出 版 社：蘋果屋
定　　價：NT.450
ISBN：978-986-96485-0-9

如果你喜歡花、喜歡香氛、喜歡蠟燭，或是喜歡手作的美好，

那麼，絕不能錯過韓國人氣造型蠟燭工作室「Olivenstory」獨家傳授，

比真花更擬真的——「蜜蠟花香氛燭」製作技巧！

專業講師親授，第一本「蜜蠟花香氛燭」DIY全書！

從香氛芳療、居家裝飾，到療癒紓壓、佳節送禮都適用，

23款質感滿分的芳香蠟製品，讓你的生活時時散發自然香氣。